華 章 圖 書

一本打开的书，一扇开启的门，
通向科学殿堂的阶梯，托起一流人才的基石。

自己动手做推荐引擎

[印] 苏雷什·库马尔·戈拉卡拉（Suresh Kumar Gorakala） 著

左妍 译

机械工业出版社
China Machine Press

图书在版编目（CIP）数据

自己动手做推荐引擎 /（印）苏雷什·库马尔·戈拉卡拉著；左妍译 . —北京：机械工业出版社，2020.1

（自己动手系列）

书名原文：Building Recommendation Engines

ISBN 978-7-111-64108-7

I. 自… II. ①苏… ②左… III. 搜索引擎 - 程序设计 IV. TP391.3

中国版本图书馆 CIP 数据核字（2019）第 243562 号

本书版权登记号：图字 01-2017-2013

Suresh Kumar Gorakala: Building Recommendation Engines (ISBN: 978-1-78588-485-6).

Copyright © 2016 Packt Publishing. First published in the English language under the title "Building Recommendation Engines".

All rights reserved.

Chinese simplified language edition published by China Machine Press.

Copyright © 2020 by China Machine Press.

本书中文简体字版由 Packt Publishing 授权机械工业出版社独家出版。未经出版者书面许可，不得以任何方式复制或抄袭本书内容。

自己动手做推荐引擎

出版发行：机械工业出版社（北京市西城区百万庄大街 22 号　邮政编码：100037）	
责任编辑：刘　锋	责任校对：殷　虹
印　　刷：中国电影出版社印刷厂	版　　次：2020 年 1 月第 1 版第 1 次印刷
开　　本：186mm×240mm　1/16	印　　张：16.75
书　　号：ISBN 978-7-111-64108-7	定　　价：79.00 元

客服电话：（010）88361066　88379833　68326294　　　投稿热线：（010）88379604

华章网站：www.hzbook.com　　　　　　　　　　　　　读者信箱：hzit@hzbook.com

版权所有·侵权必究

封底无防伪标均为盗版

本书法律顾问：北京大成律师事务所　韩光 / 邹晓东

About the Author 作者简介

Suresh Kumar Corakala 是一位专注于人工智能方向的数据科学家。他拥有近10年的专业经验,曾为多个领域的全球客户服务,并帮助他们使用先进的大数据分析技术解决业务问题。他主要从事推荐引擎、自然语言处理、高级机器学习、图数据库等方面的工作。曾参与编写《Building a Recommendation System with R》,由 Packt 出版。他热爱旅行和摄影。

我要感谢我的太太,当我在无数个深夜伏案工作时对我的包容与理解,感谢我的家人对我的支持。我也要向 Barathi Ganesh、Raj Deepthi、Harsh 和我的同事们表示深深的感谢,如果没有他们的支持,这本书很可能不会出版。我要感谢这些年我遇到的所有导师,如果没有这些导师的指点,就没有机会完成这些事情。我还要感谢本书的所有评审人员和产品经理。

技术评审员简介 About the Reviewers

Vikram Dhillon 是一位软件开发人员，一位生物信息学研究者，也是中佛罗里达大学 Blackstone LaunchPad 的软件教员，最近在创业，方向是医疗保健中的数据安全。他住在奥兰多，定期会参加开发者聚会和编程马拉松，业余时间在探索新技术，比如区块链和开发游戏设计中的机器学习教程。他参与开源项目已有 5 年多，并在 opsbug.com 上发表关于技术和创业心得的文章。

Vimal Romeo 是罗马 Ernst and Young 的数据科学家，拥有罗马路易斯大学商学院大数据分析硕士学位，并拥有印度 XIME 的 MBA 学位和 CUSAT 计算机科学与工程的学士学位。他也是 MilanoR 的作者，该博客主要介绍 R 语言。

我要感谢我的妈妈 Bernadit 和我的兄弟 Vibin，感谢他们一如既往的支持。还要感谢一直关心我的朋友 Matteo Amadei、Antonella Di Luca、Asish Mathew 和 Eleonora Polidoro。特别感谢 Packt 出版社的 Nidhi Joshi 对我的鼓励。

Preface 前　言

本书是一本推荐引擎技术的综合入门指南，介绍使用 R、Python、Spark、Mahout、Neo4j 技术实现诸如协同过滤、基于内容的推荐引擎和情境感知推荐引擎的内容。本书也介绍了广泛用于行业内的各种推荐引擎及其实现。当然，也涵盖了一些推荐引擎中常用的流行数据挖掘技术，并在本书最后简要讨论了推荐引擎的未来方向。

主要内容

第 1 章为数据科学家提供思路，也为入门者提供指南。该章主要介绍了人们生活中常常遇到的推荐引擎及其优缺点。

第 2 章通过一个构建电影推荐的例子简单介绍了推荐引擎，以便将读者引入到推荐引擎的世界。

第 3 章主要介绍目前流行的不同推荐引擎技术，如基于用户的协同过滤、基于项目的协同过滤、基于内容的推荐引擎、情境感知推荐引擎、混合推荐引擎、使用机器学习模型和数学模型的基于模型的推荐系统。

第 4 章阐述了推荐引擎中使用的各种机器学习技术，如相似度度量、分类、回归和降维技术，并且介绍了用以测试推荐引擎预测能力的评估指标。

第 5 章介绍如何使用 R 和 Python 构建基于用户与基于项目的协同过滤，并介绍了这两种语言中广泛用于构建推荐引擎的库。

第 6 章介绍如何使用 R 和 Python 构建个性化推荐引擎，并介绍用于构建基于内容的推荐系统和情境感知推荐引擎的各种库。

第 7 章介绍使用 Spark 和 MLlib 构建实时推荐系统的基础。

第 8 章引入 GraphDB、Neo4j 的概念和基础知识，以及如何使用 Neo4j 构建实时推荐系统。

第 9 章主要介绍 Hadoop 和 Mahout 在构建可扩展的推荐系统上的构建模块及体系结构，以及使用 Mahout 和 SVD 的详细实现。

第 10 章主要是对之前章节的总结，包括应用于构建决策系统的最佳实践以及对未来的展望。

书中代码的开发环境

为使用 R、Python、Spark、Neo4j、Mahout 进行推荐引擎的不同实现，我们需要以下软件：

章号	软件及版本	下载地址	系统环境
2,4,5	R studio Version 0.99.489	https://www.rstudio.com/products/rstudio/download/	WINDOWS 7+/Centos 6
2,4,5	R version 3.2.2	https://cran.r-project.org/bin/windows/base/	WINDOWS 7+/Centos 6
5,6,7	Anaconda 4.2 for Python 3.5	https://www.continuum.io/downloads	WINDOWS 7+/Centos 6
8	Neo4j 3.0.6	https://neo4j.com/download/	WINDOWS 7+/Centos 6
7	Spark 2.0	https://spark.apache.org/downloads.html	WINDOWS 7+/Centos 6
9	Hadoop 2.5 -Mahout 0.12	http://hadoop.apache.org/releases.html http://mahout.apache.org/general/downloads.html	WINDOWS 7+/Centos 6
7,9,8	Java 7/Java 8	http://www.oracle.com/technetwork/java/javase/downloads/jdk7-downloads-1880260.html	WINDOWS 7+/Centos 6

读者对象

本书适合想要使用 R、Python、Spark、Neo4j 和 Hadoop 构建复杂预测决策系统及推荐引擎的初学者与有经验的数据科学家阅读。

格式约定

新术语和重要词汇用黑体显示。

 表示警告或重点提示。

 表示技巧。

下载示例代码及彩色图像

本书的示例代码及所有截图和样图,可以从 http://www.packtpub.com 通过个人账号下载,也可以访问华章图书官网 http://www.hzbook.com,通过注册并登录个人账号下载。

目 录 Contents

作者简介
技术评审员简介
前言

第 1 章　推荐引擎介绍 ································ 1
1.1　推荐引擎定义 ································ 1
1.2　推荐系统的必要性 ···················· 3
1.3　大数据对推荐系统的推动作用 ·································· 4
1.4　推荐系统类型 ···························· 4
1.4.1　协同过滤推荐系统 ·········· 4
1.4.2　基于内容的推荐系统 ······ 5
1.4.3　混合推荐系统 ·················· 6
1.4.4　情境感知推荐系统 ·········· 7
1.5　推荐系统技术的发展 ················ 8
1.5.1　Mahout 在可扩展推荐系统中的应用 ···························· 8
1.5.2　Apache Spark 在可扩展实时推荐系统中的应用 ················· 9
1.6　本章小结 ·································· 12

第 2 章　构建第一个推荐引擎 ········ 13
2.1　构建基础推荐引擎 ·················· 14
2.1.1　载入并格式化数据 ········ 15
2.1.2　计算用户相似度 ············ 17
2.1.3　为用户预测未知评级 ···· 18

2.2　本章小结 ·································· 24

第 3 章　推荐引擎详解 ···················· 25
3.1　推荐引擎的发展 ······················ 26
3.2　基于近邻算法的推荐引擎 ······ 27
3.2.1　基于用户的协同过滤 ···· 29
3.2.2　基于项目的协同过滤 ···· 30
3.2.3　优点 ································ 32
3.2.4　缺点 ································ 32
3.3　基于内容的推荐系统 ·············· 32
3.3.1　用户画像生成 ················ 35
3.3.2　优点 ································ 36
3.3.3　缺点 ································ 36
3.4　情境感知推荐系统 ·················· 37
3.4.1　情境定义 ························ 38
3.4.2　前置过滤法 ···················· 40
3.4.3　后置过滤法 ···················· 40
3.4.4　优点 ································ 41
3.4.5　缺点 ································ 41
3.5　混合推荐系统 ·························· 41
3.5.1　加权法 ···························· 42
3.5.2　混合法 ···························· 42
3.5.3　层叠法 ···························· 42
3.5.4　特征组合法 ···················· 42
3.5.5　优点 ································ 43
3.6　基于模型的推荐系统 ·············· 43

3.6.1	概率法	44
3.6.2	机器学习法	44
3.6.3	数学法	44
3.6.4	优点	45
3.7	本章小结	45

第 4 章 数据挖掘技术在推荐引擎中的应用 46

4.1	基于近邻算法的技术	47
4.1.1	欧氏距离	47
4.1.2	余弦相似度	48
4.1.3	Jaccard 相似度	51
4.1.4	皮尔逊相关系数	51
4.2	数学建模技术	53
4.2.1	矩阵分解	53
4.2.2	交替最小二乘法	55
4.2.3	奇异值分解	55
4.3	机器学习技术	57
4.3.1	线性回归	57
4.3.2	分类模型	59
4.4	聚类技术	69
4.5	降维	71
4.6	向量空间模型	75
4.6.1	词频	75
4.6.2	词频 – 逆文档频率	76
4.7	评估技术	78
4.7.1	交叉验证	79
4.7.2	正则化	80
4.8	本章小结	82

第 5 章 构建协同过滤推荐引擎 83

5.1	在 RStudio 上安装 recommenderlab	83
5.2	recommenderlab 包中可用的数据集	85
5.3	探讨数据集	88
5.4	使用 recommenderlab 构建基于用户的协同过滤	89
5.4.1	准备训练数据和测试数据	90
5.4.2	创建一个基于用户的协同模型	90
5.4.3	在测试集上进行预测	92
5.4.4	分析数据集	93
5.4.5	使用 k 折交叉验证评估推荐模型	95
5.4.6	评估基于用户的协同过滤	96
5.5	构建基于项目的推荐模型	99
5.5.1	构建 IBCF 推荐模型	100
5.5.2	模型评估	103
5.5.3	模型准确率度量	104
5.5.4	模型准确率绘图	105
5.5.5	IBCF 参数调优	107
5.6	使用 Python 构建协同过滤	110
5.6.1	安装必要包	110
5.6.2	数据源	110
5.7	数据探讨	111
5.7.1	表示评级矩阵	113
5.7.2	创建训练集和测试集	114
5.7.3	构建 UBCF 的步骤	115
5.7.4	基于用户的相似度计算	115
5.7.5	预测活跃用户的未知评级	116
5.8	使用 KNN 进行基于用户的协同过滤	117
5.9	基于项目的推荐	118
5.9.1	评估模型	119
5.9.2	KNN 训练模型	120
5.9.3	评估模型	120
5.10	本章小结	120

第 6 章 构建个性化推荐引擎 ········ 121
6.1 个性化推荐系统 ············ 122
6.2 基于内容的推荐系统 ······· 122
6.2.1 构建一个基于内容的推荐系统 ··· 123
6.2.2 使用 R 语言构建基于内容的推荐 ························ 123
6.2.3 使用 Python 语言构建基于内容的推荐 ················ 133
6.3 情境感知推荐系统 ········· 144
6.3.1 构建情境感知推荐系统 ······· 144
6.3.2 使用 R 语言构建情境感知推荐 ······················· 145
6.4 本章小结 ·················· 150

第 7 章 使用 Spark 构建实时推荐引擎 ························ 151
7.1 Spark 2.0 介绍 ············· 152
7.1.1 Spark 架构 ·················· 152
7.1.2 Spark 组件 ·················· 154
7.1.3 Spark Core ·················· 154
7.1.4 Spark 的优点 ················ 156
7.1.5 Spark 设置 ·················· 156
7.1.6 SparkSession ················ 157
7.1.7 弹性分布式数据集 ············ 158
7.1.8 关于 ML 流水线 ············· 158
7.2 使用交替最小二乘法进行协同过滤 ························ 160
7.3 使用 PySpark 构建基于模型的推荐系统 ···················· 162
7.4 MLlib 推荐引擎模块 ········ 163
7.5 推荐引擎方法 ············· 164
7.5.1 实现 ······················· 164
7.5.2 基于用户的协同过滤 ·········· 172
7.5.3 模型评估 ··················· 173
7.5.4 模型选择和超参数调优 ······· 174
7.6 本章小结 ·················· 179

第 8 章 通过 Neo4j 构建实时推荐 ························ 180
8.1 图数据库种类 ············· 181
8.2 Neo4j ······················ 183
8.2.1 Cypher 查询语言 ············· 184
8.2.2 节点语法 ··················· 184
8.2.3 关系语法 ··················· 185
8.2.4 构建第一个图 ··············· 185
8.3 Neo4j Windows 安装 ······· 192
8.4 Neo4j Linux 安装 ·········· 194
8.4.1 下载 Neo4j ·················· 194
8.4.2 设置 Neo4j ·················· 195
8.4.3 命令行启动 Neo4j ············ 195
8.5 构建推荐引擎 ············· 197
8.5.1 将数据加载到 Neo4j ·········· 197
8.5.2 使用 Neo4j 生成推荐 ········· 200
8.5.3 使用欧氏距离进行协同过滤 ··· 201
8.5.4 使用余弦相似度进行协同过滤 ························ 206
8.6 本章小结 ·················· 209

第 9 章 使用 Mahout 构建可扩展的推荐引擎 ···················· 210
9.1 Mahout 简介 ··············· 211
9.2 配置 Mahout ··············· 211
9.2.1 Mahout 单机模式 ············ 211
9.2.2 Mahout 分布式模式 ·········· 218
9.3 Mahout 的核心构建模块 ···· 220
9.3.1 基于用户的协同过滤推荐引擎组件 ····················· 220
9.3.2 使用 Mahout 构建推荐引擎 ··· 223
9.3.3 数据描述 ··················· 223

9.3.4 基于用户的协同过滤 ············· 225
9.4 基于项目的协同过滤 ············· 228
9.5 协同过滤评估 ············· 231
9.6 基于用户的推荐评估 ············· 231
9.7 基于项目的推荐评估 ············· 232
9.8 SVD 推荐系统 ············· 235
9.9 使用 Mahout 进行分布式推荐 ············· 236
9.10 可扩展系统的架构 ············· 240
9.11 本章小结 ············· 241

第 10 章 推荐引擎的未来 ············· 242
10.1 推荐引擎的未来 ············· 242
10.2 推荐系统的发展阶段 ············· 243
 10.2.1 一般的推荐系统 ············· 243
 10.2.2 个性化推荐系统 ············· 244
 10.2.3 未来的推荐系统 ············· 245
 10.2.4 下一个最佳举措 ············· 249
 10.2.5 使用案例 ············· 249
10.3 流行方法 ············· 251
10.4 推荐引擎的时效性 ············· 252
 10.4.1 A/B 测试 ············· 253
 10.4.2 反馈机制 ············· 254
10.5 本章小结 ············· 255

第 1 章　Chapter 1

推荐引擎介绍

我们是如何决定购买某些商品的呢？在日常生活中，我们在决定购买之前会询问朋友或者家人；网购时，我们会阅读匿名用户对产品的评论，对产品进行比较，之后才会决定是否购买。当今互联网中的信息正以指数级速度增长，寻找有效的信息将是一项挑战，而增加用户对检索结果的信心则是更大的挑战。

推荐系统的出现可以为用户提供优质的相关信息或重要信息，一些大型网站的参与则更好地推动了推荐引擎的普及。例如，亚马逊的商品推荐，Facebook 的人脉圈推荐，Twitter、LinkedIn、YouTube 上的视频推荐，谷歌新闻推荐等。这些案例的成功为诸如旅游、医疗健康、金融等领域的其他行业打开了一扇窗。

1.1　推荐引擎定义

推荐引擎是从信息检索和人工智能派生出来的技术，是分析巨量数据（特别是产品和用户信息）强有力的工具，能够基于数据挖掘提供相关推荐。

在技术上，推荐引擎要求开发一个数学模型或者目标函数，用来预测用户对商品的喜欢程度。

假设 $U=\{用户\}$，$I=\{商品\}$，F 表示目标函数，通过 F 计算 I 对 U 的有用性，表示成：

$$F: U \times I \to R，其中 R=\{推荐商品\}$$

对于每位用户 u，我们要选择使目标函数最大的商品 i，表示成：

$$u \in U, I'_u = argmax_u u(u, i)$$

推荐系统的主要目的是在用户做决定的时候提供相关推荐,以便在线用户从网络上的大量可用选项中做出更好的决定。一个优秀的推荐系统更趋向于个性化推荐,它可以通过收集用户有价值的数字足迹(如人口统计、事务细节、交互日志)和关于产品的信息(例如规格、用户反馈、与其他产品比较等),来完成推荐之前的数据分析。

用户标签

推荐引擎最大的挑战是如何给参与者提供好的推荐,一个好的推荐系统会充分考虑消费者信息(如上图所示用户标签)和销售信息。从消费者角度来说,一个有价值的推荐可以影响消费者的最终决定,所以推荐的动机是考虑如何增强消费者的购买信心。从商家的角度来说,为不同层次的消费者提供个性化推荐,做到精准营销是十分必要的。伴随着网购的兴起壮大,很多公司通过收集大量用户交互信息日志,对用户行为进行越来越深入的分析。此外,对推荐引擎的实时性也有更高的要求。随着技术和研究的进步,将大数据分析和人工智能技术加入推荐引擎也是一个挑战。下图显示了推荐引擎的一些应用。

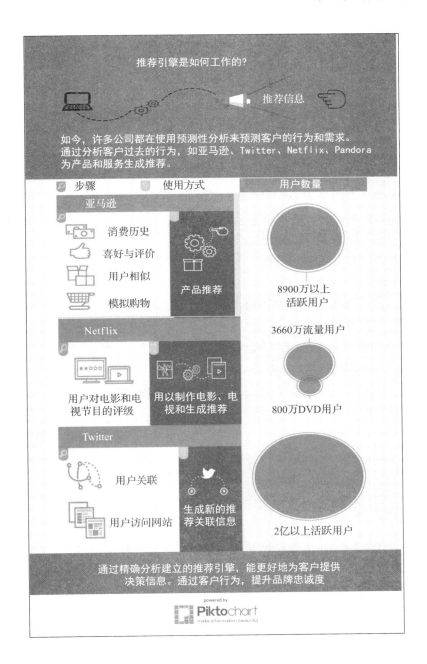

1.2 推荐系统的必要性

我们知道构建推荐系统是非常复杂的,它需要大量的工作量和人员、技术、资金的投入。如此巨大的投入值得吗?来看一些事实:

- Netflix 客户观看的电影有 2/3 是由推荐系统推荐的。
- Google 新闻上有 38% 的点击是推荐链接。
- 亚马逊 35% 的销售量来自推荐产品。
- ChoiceStream 销售数据显示：有 28% 的用户通过推荐购买自己喜欢的音乐。

1.3 大数据对推荐系统的推动作用

推荐系统在很多方面成功地影响着我们的生活，这种影响的一个很明显的例子就是如何重新定义我们的网购体验。当我们浏览电子商务网站并购买商品时，底层的推荐引擎会立即实时响应，向消费者提供各种相关推荐。无论从商家还是消费者的角度来看，推荐引擎都是非常有益的。毫无疑问，大数据是推荐系统的驱动力。一个好的推荐系统应该具备可靠性、可扩展性、高可用性，并且能够向它所包含的大型用户群实时提供个性化推荐。

一个典型的推荐系统如果没有足够的数据作为支撑，就不能有效地工作。大数据技术的引入使得企业能够捕获大量的用户数据，比如，用户的过往购买记录、浏览历史和反馈信息等，并能将这些数据反馈给推荐引擎，实时生成相关和有效的推荐。简而言之，即使是最先进的推荐系统，如果没有大数据的支持也不可能完成推荐。大数据技术在软硬件方面不断进步，不仅能够提供海量的数据存储能力，还在更多方面显示出作用，比如提高对数据的操作速度，对实时数据的处理能力等。

要了解相关技术，可以访问下面的网站：

http://www.kdnuggets.com/2015/10/big-data-recommendation-systems-change-lives.html。

1.4 推荐系统类型

前面介绍了什么是推荐系统、它要达到的目标、它的益处以及其背后的驱动力。接下来，我们将介绍正在使用的不同类型的常见推荐系统。

1.4.1 协同过滤推荐系统

协同过滤推荐系统是推荐引擎的基本形式。这种类型的推荐引擎可以简单理解为在用户偏好的协同下，从大型备选项集合中选出推荐的商品。

协同过滤推荐系统的基本假设是，如果两个用户在过去有相同的兴趣，那么未来他们也将有相似的兴趣。例如，如果用户 A 和用户 B 有相似的电影偏好，用户 A 最近看了电影《泰坦尼克号》，而用户 B 还没看过，然后我们就将该电影推荐给 B 用户。Netflix 的电影推荐方案是协同过滤推荐系统的一个很好的例子。

协同过滤推荐系统有以下两种类型。

- 基于用户的协同过滤：基于用户的协同过滤给出的推荐项主要是考虑用户的喜好。基于用户的协同过滤分两步：
  - 基于共同兴趣识别相似用户
  - 根据与活跃用户相似的用户所给出的对新项目的评级，为活跃用户进行新项目推荐。
- 基于项目的协同过滤：基于项目的协同过滤，是根据相邻项目产生推荐。与基于用户的协同过滤不同，我们要先找项目，然后根据活跃用户对相似项目的历史评估进行新项目的推荐。基于项目的推荐系统的构建过程分为两个步骤：
  - 根据用户对项目喜好计算相似项目
  - 找出相似度最高并未被活跃用户评估的项目进行推荐

我们会在第 3 章深入探讨这两种推荐类型。

在构建协同过滤推荐系统时，我们将学习以下几个方面：

- 用户之间的相似度是如何计算的？
- 项目之间的相似度是如何计算的？
- 推荐是如何产生的？
- 对新产生的项目和用户数据该如何处理？

协同过滤系统的优点是实现简单，推荐准确。然而，它也有自己的局限性，比如冷启动问题，这是指协同过滤系统不能对系统无法获得其数据的用户（即第一次登录的用户）进行推荐，如下图所示。

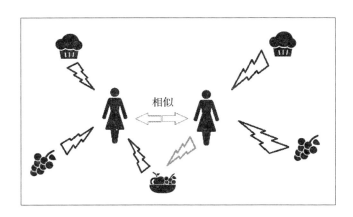

1.4.2　基于内容的推荐系统

在协同过滤推荐系统中，只需考虑用户－项目－喜好之间的关系就可以构建推荐系统。虽然这种类型的推荐信息是准确的，但是如果我们想把推荐做得更好一些，还需要加上用户属性和项目属性的考量。与协同过滤不同，基于内容的推荐系统是建立在项目属性结合用户对项目属性的偏好基础之上，根据相关内容信息构建推荐模型。

内容推荐系统对活跃用户进行推荐时，通常包含用户画像、项目画像、生成模型等相关步骤。基于内容的推荐系统推荐的项目，是对项目的信息或特征、用户属性等分析之后形成的推荐项。举个例子，当你在 YouTube 搜索 Lionel Messi 的视频时，基于内容的推荐系统会学习你的偏好，并且会推荐其他与 Lionel Messi 相关的视频或者其他与足球有关的视频。

简单来说，基于内容的推荐系统提供的推荐项信息是基于相似用户的历史喜好数据产生的。项目的相似度是根据与其他的比较项相关联的特征计算得出的，并与用户的历史偏好相匹配。

在构建基于内容的推荐系统时，我们考虑以下几个问题：
- 如何选择产品的内容或特征？
- 如何创建具有相似产品内容喜好的用户画像？
- 如何根据项目的特点创建项目之间的相似度？
- 如何连续创建和更新用户画像？

上述问题将会在第 3 章中进行详细解释。因为这种技术不考虑近邻用户的喜好，所以它不需要维护一个大规模的用户组对项目的喜好来提高推荐精度。它只需考虑用户过去的喜好和项目的属性或者特性。在第 3 章中，我们将详细了解该系统以及它的优点和缺点，如下图所示。

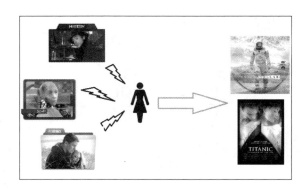

1.4.3 混合推荐系统

这种类型的推荐引擎是结合多种推荐系统而建立的，是一个更强大的系统。通过组合各种系统，可以构建一个更健壮的系统。比如，通过组合协同过滤方法，当新项目因为没有评级而导致模型失败时，在基于内容的系统中，关于项目的特征信息是可用的，仍然可以使新项目被更准确、更有效地推荐。

举个例子说明一下，假设你是一个经常阅读谷歌新闻的人，推荐引擎会在流行新闻的基础上，找到与你相似的人读的新闻，并根据你的个人喜好、历史点击信息等进行计算，从而得到要向你推荐的新闻。这种类型的推荐系统混合使用基于内容的推荐系统和协同过滤系统。

在构建混合模型时，应该考虑以下几个问题：
- 采用何种技术方案来满足我们的业务需求？
- 何种混合技术方案能提供更好的预测？

与单一推荐技术相比，混合推荐引擎(如下图所示)的好处是增强了推荐效果。这种方式对用户来说也提供了一个好的混合推荐，在个性化水平或者近邻水平上也有更好的表现。第3章将介绍更多关于混合系统的知识。

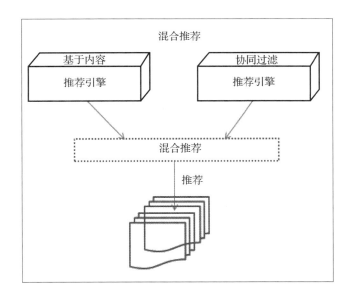

1.4.4 情境感知推荐系统

个性化推荐系统有时效果也不是很理想，比如基于内容的推荐系统，主要原因是没有考虑情境。假设一个姑娘非常喜欢吃冰激凌，但是这个姑娘现在在北极。个性化的推荐系统推送了一款非常受欢迎的冰激凌。请问推荐冰激凌是对的吗？对于一个寒冷的下午，是不是一杯热咖啡更值得推荐？这种类型的推荐就是情境感知推荐系统，这里的位置信息就是情境。

用户喜好会根据情境的变化而不同，例如，时间、季节、心情、地点、位置、系统中的选项等都可以是情境。当一个人在不同的地点、不同的时间、面对不同的人时，可能需要不同的东西。情境感知推荐系统在推荐之前会考虑这些情境。这种推荐系统可以根据用户所处的不同情境来满足用户的各种需求。

在建立情境感知模型之前，我们需要考虑以下问题：
- 在推荐系统中如何定义情境？
- 使用何种技术构建推荐系统可以实现业务需求？
- 如何根据情境推荐产品来满足用户喜好？
- 何种技术可以用来混合情境和用户喜好从而搭建混合推荐系统？

1.5 推荐系统技术的发展

随着技术、研究和基础设施的进步，推荐系统发展迅速。推荐系统正在远离基于相似度量的简单方法，并向诸如机器学习方法、深度学习等非常先进的方法靠近。从商业角度来看，用户和组织正在寻求能满足即刻响应需求的更加个性化的推荐系统。通过构建个性化推荐系统来迎合庞大的用户群和产品，可以得到我们需要的复杂系统，以便实现轻松扩展和快速响应。以下几种类型的推荐系统可以帮助解决这个挑战。

1.5.1 Mahout 在可扩展推荐系统中的应用

如前所述，大数据是驱动推荐系统发展的主要因素。大数据平台使研究人员能够访问大型数据集并在个人层面分析数据，从而为构建个性化推荐系统铺平道路。随着互联网使用量的增长和源源不断的数据的提供，有效的推荐系统不仅需要庞大的数据，而且需要支持可扩展并具有最小化停机时间的基础设施。为了实现这一点，诸如 Apache Hadoop 生态系统这样的大数据技术提供了基础设施和平台，用来提供大量数据。Mahout 可以实现这种巨大数据的供应，它是建立在 Hadoop 平台上的机器学习库，使我们能够搭建可扩展的推荐系统。Mahout 为建设、评估和调整不同类型的推荐引擎算法提供基础设施。由于 Hadoop 是为离线批量处理而设计的，所以基于它还可以建立可扩展的离线推荐系统。在第 9 章，我们将进一步介绍如何使用 Mahout 构建可扩展的推荐引擎。

下图显示了如何使用 Mahout 设计可扩展的推荐系统。

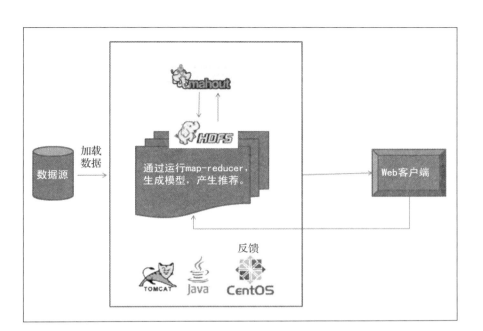

1.5.2 Apache Spark 在可扩展实时推荐系统中的应用

在浏览任何一个电子商务网站时,经常看到"你可能也喜欢"这个功能。这个看似简单的功能正是用户关系管理新时代的实时表现。企业开始投资推荐系统,这些系统可以为客户生成精准且实时的个性化推荐。建立这样一个系统不仅会带来良好的投资回报,而且高效的系统也会增强用户的购买信心。这要求可扩展的实时推荐系统不仅可以捕获用户的购买历史、产品信息、用户偏好,并提取模式和推荐产品,还可以基于用户在线交互和多标准搜索偏好进行即时响应。

这种能力需要得到新技术的支持。这种技术必须考虑由用户购买历史、用户偏好、在线互动等信息组成的大型数据库,比如页面内导航数据和多目标搜索记录,然后对这些信息进行实时分析,并根据用户当前和长期的需求进行准确响应。在本书中,我们将考虑基于内存和基于图的系统,它们能够处理大规模数据的实时推荐系统。

大多数流行的推荐引擎协同过滤都需要在推荐时将用户和产品信息作为整体来考虑。假设有这样一个场景:100 万个用户对 1 万个产品进行评级。为了建立一个系统来处理这样大量的计算量,并实现在线响应,我们需要一个与大数据兼容并在内存中处理数据的系统。实现可扩展、实时推荐的关键技术是 Apache Spark Streaming,它可以利用大数据的可扩展性并实时生成推荐,还可以在内存中处理数据,如下图所示。

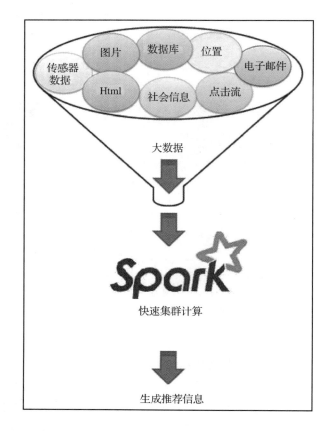

Neo4j 在基于图的实时推荐系统中的应用

图数据库已经彻底改变了人们发现新产品、探索有价值信息的方式。在人类的大脑里，对人、事物、位置等信息的记忆，往往采用图、关系或者网络。当我们试图从这些网络中获取信息时，会直接转到所需的连接或图，并准确获取信息。同样，图数据库将用户和产品信息作为节点和边缘（关系）进行存储。在图数据库中可以实现快速检索。近年来，图数据库推荐系统可以提供实时、准确、个性化的推荐信息。

Neo4j 是使用图数据库实现实时推荐的关键技术之一，它是一种 NoSQL 图数据库，在为客户提供洞见和产品趋势方面，它可以轻松胜过任何其他关系型和 NoSQL 系统。

NoSQL（意指"not only SQL"）数据库是一种新型数据库。不同于关系数据库，它可以存储和管理诸如柱状、图、键值对等数据。这种新的存储和管理数据的方法使我们可以更好地构建可扩展的实时系统。

图数据库主要由节点和边组成,其中,节点代表实体,边代表实体之间的关系。这些边是连接节点的定向线或箭头。在下面的图像中,圆圈是代表实体的节点,连接节点的线称为边,表示关系。箭头方向指示信息流向。通过显示图的所有节点和链接,帮助用户对结构有一个全局的视图。

下图显示的是用户电影评级信息。绿色和红色的圆圈分别代表用户和电影节点。用户对电影的评级用边表示,以表示用户与电影之间的关系。每个节点和关系可以包含属性以存储数据的进一步细节。

该图中显示的是采用图论的概念实时生成推荐,检索和搜索速度非常快。在第 8 章中,将会详细介绍如何使用 Neo4j 构建实时的推荐引擎。

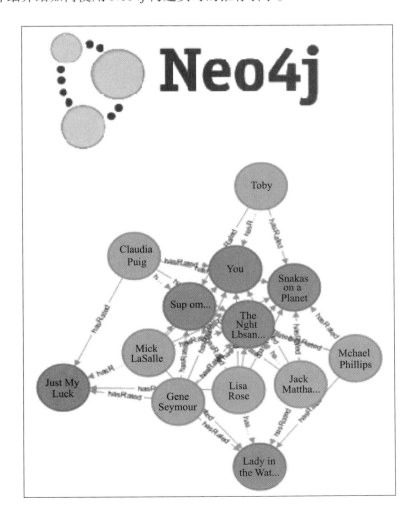

1.6 本章小结

在本章中，我们简单介绍了各种类型的流行推荐引擎，如协同过滤、基于内容的推荐引擎、混合推荐引擎、情境感知系统、可扩展的推荐系统和基于图的实时推荐引擎。

我们还介绍了大数据和各大 IT 巨头的实际应用是如何推动推荐引擎发展的。在第 3 章中，我们将详细了解这些推荐引擎。接下来的第 2 章，我们将介绍如何使用 R 语言构建一个基础的推荐引擎。

第 2 章

构建第一个推荐引擎

在第 1 章中,主要介绍了各种类型的推荐引擎,其中涉及的具体内容将在随后的章节中详细介绍。通过前面的学习,相信大家已经对推荐引擎有了简单的了解,本章会详细介绍如何使用 R 语言构建我们的第一个推荐引擎。

在进行讲解之前,先简单地了解一下使用 R 语言构建推荐系统所需要的环境和软件包。

本章使用的是 R 语言 3.2.2 版本和 RStudio 0.99 或以上版本。关于如何安装 R 和 RStudio 以及如何设置环境,请参阅关于硬件和软件清单的章节。

本章需要用到的 R 包:

- dplyr
- data.table
- reshape2

引入 R 包的代码:

```
#for online installation
Install.packages("dplyr")
```

对于离线安装,首先要从在线库 CRAN Repository 下载 gz 文件到本地,之后执下列代码:

```
install.packages("path/to/file/dplyr_0.5.0.tar.gz", repos=NULL)
```

接下来我们尝试搭建一个基于协同过滤方法的推荐引擎。如第 1 章所介绍,它是基于近邻算法的推荐,流程如下图所示。

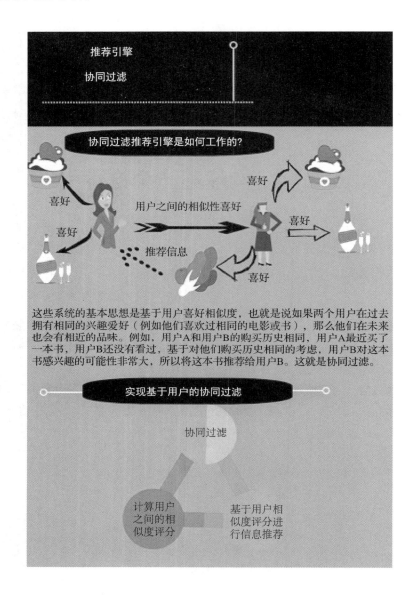

2.1 构建基础推荐引擎

构建步骤：

1. 载入并格式化数据。
2. 计算用户之间的相似度。
3. 预测用户未知的评级。
4. 基于用户相似度评分进行推荐。

下图为图形化表示。

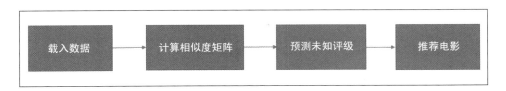

2.1.1 载入并格式化数据

本章使用的数据集可以从此网址下载：https://raw.githubusercontent.com/sureshgorakala/RecommenderSystems_R/master/movie_rating.csv。

如下图所示，该数据集是一份关于电影评级的数据，这份数据包含 6 名用户（评论人）对 6 部电影的评级，评级区间为 0～5：

```
critic,title,rating
Jack Matthews,Lady in the Water,3.0
Jack Matthews,Snakes on a Plane,4.0
Jack Matthews,You Me and Dupree,3.5
Jack Matthews,Superman Returns,5.0
Jack Matthews,The Night Listener,3.0
Mick LaSalle,Lady in the Water,3.0
Mick LaSalle,Snakes on a Plane,4.0
Mick LaSalle,Just My Luck,2.0
Mick LaSalle,Superman Returns,3.0
Mick LaSalle,You Me and Dupree,2.0
Mick LaSalle,The Night Listener,3.0
Claudia Puig,Snakes on a Plane,3.5
Claudia Puig,Just My Luck,3.0
Claudia Puig,You Me and Dupree,2.5
Claudia Puig,Superman Returns,4.0
Claudia Puig,The Night Listener,4.5
Lisa Rose,Lady in the Water,2.5
Lisa Rose,Snakes on a Plane,3.5
Lisa Rose,Just My Luck,3.0
Lisa Rose,Superman Returns,3.5
Lisa Rose,The Night Listener,3.0
Lisa Rose,You Me and Dupree,2.5
Toby,Snakes on a Plane,4.5
Toby,Superman Returns,4.0
Toby,You Me and Dupree,1.0
Gene Seymour,Lady in the Water,3.0
Gene Seymour,Snakes on a Plane,3.5
Gene Seymour,Just My Luck,1.5
Gene Seymour,Superman Returns,5.0
Gene Seymour,You Me and Dupree,3.5
Gene Seymour,The Night Listener,3.0
```

在载入数据之前，我们先来了解一下数据的构成。这份数据总共有三列属性（critic：评论人或用户。title：片名。rating：评级）。每条数据属性间用逗号分隔，评分以每 0.5 分一个等级，范围从 1 分到 5 分，全部数据由 6 个用户对 6 部作品的评级构成。但是，并不是所有用户对所有电影都进行了评级。

我们的目标是要构建一个推荐引擎，用来基于相似用户的评级推荐他们还没有看过的电影。

使用 R 语言中的函数 read.csv() 从 csv 文件中加载数据，如下所示：

```
ratings = read.csv("~/movie_rating.csv")
```

使用 R 语言中的内建函数 head()，可以查看数据集中的前六行数据，如下所示：

```
head(ratings)
```

```
> head(ratings)
         critic            title rating
1 Jack Matthews Lady in the Water    3.0
2 Jack Matthews Snakes on a Plane    4.0
3 Jack Matthews  You Me and Dupree   3.5
4 Jack Matthews   Superman Returns   5.0
5 Jack Matthews The Night Listener   3.0
6  Mick LaSalle Lady in the Water    3.0
```

使用 R 语言中的内建函数 dim()，可以查看数据集的维度，如下所示：

```
dim(ratings)
[1] 31  3
```

使用 R 语言中的函数 str()，可以查看输入数据的结构，如下所示：

```
Str(ratings)
```

```
'data.frame':  31 obs. of  3 variables:
 $ critic: Factor w/ 6 levels "Claudia Puig",..: 3 3 3 3 3 5 5 5 5 5 ...
 $ title : Factor w/ 6 levels "Just My Luck",..: 2 3 6 4 5 2 3 1 4 6 ...
 $ rating: num  3 4 3.5 5 3 3 4 2 3 2 ...
```

上述内容显示，总共有 31 条数据，每条数据有 3 个变量：用户、片名、评级。我们也可以看到 6 个用户为 6 部电影进行了评级，且评级在 1 ~ 5 之间。

使用 R 语言中的函数 levels()，可以得到根据变量属性的排序，如下所示。

```
> levels(ratings$critic)
[1] "Claudia Puig"   "Gene Seymour"  "Jack Matthews"  "Lisa Rose"      "Mick LaSalle"   "Toby"
> levels(ratings$title)
[1] "Just My Luck"   "Lady in the Water"  "Snakes on a Plane"  "Superman Returns"  "The Night Listener"  "You Me and Dupree"
> sort(unique(ratings$rating),decreasing = F)
[1] 1.0 1.5 2.0 2.5 3.0 3.5 4.0 4.5 5.0
```

为了构建推荐系统，我们需要构建这样一个数据矩阵：矩阵行代表用户，列代表项目，每个单元格则包含该行用户对该列项目的评级。

下一步，我们需要将目前数据集中按行展示的用户、片名、评级，格式化成上面所描述的数据矩阵，便于我们后面构建推荐引擎。

我们可以使用 reshape2 包中的函数 acast() 来实现上述数据的矩阵转换。reshape2 包是 R 中比较常用的数据结构化工具包。而 reshape2 包中的 acast() 函数能够将数据框转换成矩阵表示。

cast() 函数以评级数据集作为输入，title 作为行属性，critic 作为列属性，rating 作为值，具体代码如下：

```
#data processing and formatting
movie_ratings = as.data.frame(acast(ratings, title~critic,
    value.var="rating"))
```

如下所示查看转换后的数据：

```
View(movie_ratings)
```

	Claudia Puig	Gene Seymour	Jack Matthews	Lisa Rose	Mick LaSalle	Toby
Just My Luck	3.0	1.5	NA	3.0	2	NA
Lady in the Water	NA	3.0	3.0	2.5	3	NA
Snakes on a Plane	3.5	3.5	4.0	3.5	4	4.5
Superman Returns	4.0	5.0	5.0	3.5	3	4.0
The Night Listener	4.5	3.0	3.0	3.0	3	NA
You Me and Dupree	2.5	3.5	3.5	2.5	2	1.0

通过矩阵表示的数据，我们不难看出 Toby 对 3 部电影评级过。Lisa Rose、Mick LaSalle 和 Gene Seymour 对所有的电影都评级过。Claudia Puig 和 Jack Matthews 只有一部没有评级过的电影。到此，再重温一下我们的目标：要基于用户的相似度，给用户推荐他们没有评级过的电影。比如，想要给 Toby 推荐电影时，会基于与 Toby 相似的用户提供的评级。

2.1.2 计算用户相似度

计算用户相似度是非常重要的一步。因为我们的推荐系统需要根据与用户相似的用户的评级来为其推荐未看过的电影。用户相似度的度量有很多，如欧氏距离、余弦距离、皮尔逊系数和 Jaccard 距离等。这些度量方法和相似指标的更加详细的解释，会包括在第 4 章中。

本章使用相关系数作为两个用户之间的相似度的度量。选择相关系数的原因是它可以反映出两个项之间的关系、亲密度、相关性。所以，本章中我们在矩阵中采用相关系数度量两者之间的相似程度。

在 R 语言中可以使用 `cor()` 函数来找出数据集中变量之间的相关系数。下面的代码计算了用户之间的相似度。

在计算 Toby 和其他用户之间的相似度时，使用 `cor()` 函数中的 `use="complete.obs"` 属性，用以保证整体数据的完整性。

```
sim_users = cor(movie_ratings[,1:6],use="complete.obs")
View(sim_users)
```

	Claudia Puig	Gene Seymour	Jack Matthews	Lisa Rose	Mick LaSalle	Toby
Claudia Puig	1.0000000	0.7559289	0.9285714	0.9449112	0.6546537	0.8934051
Gene Seymour	0.7559289	1.0000000	0.9449112	0.5000000	0.0000000	0.3812464
Jack Matthews	0.9285714	0.9449112	1.0000000	0.7559289	0.3273268	0.6628490
Lisa Rose	0.9449112	0.5000000	0.7559289	1.0000000	0.8660254	0.9912407
Mick LaSalle	0.6546537	0.0000000	0.3273268	0.8660254	1.0000000	0.9244735
Toby	0.8934051	0.3812464	0.6628490	0.9912407	0.9244735	1.0000000

通过观察计算结果，可以看出 Lisa Rose 与 Toby 相似度最高，为 0.99，Mick LaSalle 与 Toby 的相似度为 0.92。

2.1.3　为用户预测未知评级

本节将使用相似用户给出的评级为 Toby 推荐他没有评级过的电影。有如下几个步骤：

1. 抽取出 Toby 没有评级过的电影。
2. 找到所有其他用户给这些电影的评级。
3. 将所有用户（不包括 Toby 自己）对第一步中找到的电影的评级乘以与 Toby 的相似度。
4. 计算每一部电影作品的评级和，并除以所有相似度之和。

在进行编码前，先熟悉一下要用到的 `data.table` 包和 `setDT()` 函数。

Data.table 是 R 语言中的常用包，它提供一个加强版的 `data.frame`，通过它可以实现对数据的高效操作。`data.table` 包的另一个优点是它可以处理非常大的数据集，最高支持加载 100GB 数据到 RAM 中。它还支持多种操作，如创建一个数据表或一个增强版本的数据框、切分数据集、操作数据、合并等。

在本次练习中，我们使用data.table中的setDT()方法。data.table中的set*函数可以通过引用传递的方式代替值传递的方式来操作数据。也就是说，在转换数据的时候不会对数据进行物理复制。

上述内容的代码实现如下所示：

1.抽取Toby没有评级过的电影作品。使用data.table包中的setDT()函数抽取没有评级过的电影并创建data.table和data.frame对象——rating_critic。setDT()方法抽取出列值和对应的行名，并创建一个二维data.frame或者data.table对象，具体如下：

```
rating_critic  = setDT(movie_ratings[colnames(movie_ratings)
    [6]],keep.rownames = TRUE)[]
names(rating_critic) = c('title','rating')
View(rating_critic)
```

	title	rating
1	Just My Luck	NA
2	Lady in the Water	NA
3	Snakes on a Plane	4.5
4	Superman Returns	4.0
5	The Night Listener	NA
6	You Me and Dupree	1.0

2.从上述列表中得到未评级的电影：

```
titles_na_critic =
    rating_critic$title[is.na(rating_critic$rating)]
titles_na_critic
```

```
[1] "Just My Luck"      "Lady in the Water"  "The Night Listener"
```

> **注意** is.na()函数用于筛选出NA值。

根据评级过上述电影的用户原始数据集和子集获取评级。

下面的代码中使用的%in%与SQL中的where条件语句作用类似。

```
ratings_t =ratings[ratings$title %in% titles_na_critic,]
View(ratings_t)
```

critic	title	rating
Jack Matthews	Lady in the Water	3.0
Jack Matthews	The Night Listener	3.0
Mick LaSalle	Lady in the Water	3.0
Mick LaSalle	Just My Luck	2.0
Mick LaSalle	The Night Listener	3.0
Claudia Puig	Just My Luck	3.0
Claudia Puig	The Night Listener	4.5
Lisa Rose	Lady in the Water	2.5
Lisa Rose	Just My Luck	3.0
Lisa Rose	The Night Listener	3.0
Gene Seymour	Lady in the Water	3.0
Gene Seymour	Just My Luck	1.5
Gene Seymour	The Night Listener	3.0

对于前面介绍过的数据框，我们增加一个新的变量 similarty，其值为每个用户与 Toby 的相似度：

```
x = (setDT(data.frame(sim_users[,6]),keep.rownames = TRUE)[])
names(x) = c('critic','similarity')
ratings_t =  merge(x = ratings_t, y = x, by = "critic", all.x = TRUE)
View(ratings_t)
```

critic	title	rating	similarity
Claudia Puig	Just My Luck	3.0	0.8934051
Claudia Puig	The Night Listener	4.5	0.8934051
Gene Seymour	Lady in the Water	3.0	0.3812464
Gene Seymour	Just My Luck	1.5	0.3812464
Gene Seymour	The Night Listener	3.0	0.3812464
Jack Matthews	Lady in the Water	3.0	0.6628490
Jack Matthews	The Night Listener	3.0	0.6628490
Lisa Rose	Lady in the Water	2.5	0.9912407
Lisa Rose	Just My Luck	3.0	0.9912407
Lisa Rose	The Night Listener	3.0	0.9912407
Mick LaSalle	Lady in the Water	3.0	0.9244735
Mick LaSalle	Just My Luck	2.0	0.9244735
Mick LaSalle	The Night Listener	3.0	0.9244735

3. 将相似度值乘以评级，结果作为新的变量 sim_rating：

```
ratings_t$sim_rating = ratings_t$rating*ratings_t$similarity
    ratings_t
```

critic	title	rating	similarity	sim_rating
Claudia Puig	Just My Luck	3.0	0.8934051	2.6802154
Claudia Puig	The Night Listener	4.5	0.8934051	4.0203232
Gene Seymour	Lady in the Water	3.0	0.3812464	1.1437393
Gene Seymour	Just My Luck	1.5	0.3812464	0.5718696
Gene Seymour	The Night Listener	3.0	0.3812464	1.1437393
Jack Matthews	Lady in the Water	3.0	0.6628490	1.9885469
Jack Matthews	The Night Listener	3.0	0.6628490	1.9885469
Lisa Rose	Lady in the Water	2.5	0.9912407	2.4781018
Lisa Rose	Just My Luck	3.0	0.9912407	2.9737221
Lisa Rose	The Night Listener	3.0	0.9912407	2.9737221
Mick LaSalle	Lady in the Water	3.0	0.9244735	2.7734204
Mick LaSalle	Just My Luck	2.0	0.9244735	1.8489469
Mick LaSalle	The Night Listener	3.0	0.9244735	2.7734204

4. 对前面步骤中计算出的每部电影所有的 sim_rating 进行累加，然后用每部电影的累加的值除以该电影用户相似度的累加值，也就是说，对于 Just My Luck 这部电影，Toby 的预测评级是通过将评级过 Just My Luck 的所有 sim_rating 值相加，然后除以其与所有这些用户的相似度值的总和来计算的：

(2.6802154+0.5718696+2.9737221+1.8489469) ÷ (0.8934051+0.3812464+0.9912407+ 0.9244735) = 2.530981

上述计算可以使用 R 语言的 dplyr 包中的 group_by() 和 summarise() 函数实现。

dplyr 包是 R 语言中用于数据操作的包。这个包非常有用，与 data.table 相似，用它来进行探索性分析和数据操作非常方便。

summarise() 函数在 dply 包中用于汇总结果。group_by() 函数用于按一个或多个变量对数据进行分组。

dplyr 包中的 %>% 操作符是一个非常方便的函数，用于将多个代码组合在一起。在下面的代码中，我们用 %>% 代码将 group_by() 和 summarize() 函数组合在一起并计算结果，避免了写出中间结果的过程，如下所示：

```
result = ratings_t %>% group_by(title) %>%
    summarise(sum(sim_rating)/sum(similarity))
result
Source: local data frame [3 x 2]
```

```
      title sum(sim_rating)/sum(similarity)
     (fctr) (dbl)
1 Just My Luck 2.530981
2 Lady in the Water 2.832550
3 The Night Listener 3.347790
```

可以看到以上三个 Toby 没有评级过的电影的预测评级。现在可以对 Toby 进行电影推荐了，推荐的电影评级大于 Toby 的平均评级。例如，Toby 对三个电影的平均评级计算如下：

```
mean(rating_critic$rating,na.rm = T)
3.166667
```

我们可以得到平均值是 3.16，可以根据大于平均值进行电影推荐。根据之前的结果，可以推荐的电影是 The Night Listener。

通过下面的函数可以将上面的推荐扩展到所有用户：

```
generateRecommendations <- function(userId){
rating_critic = setDT(movie_ratings[colnames(movie_ratings)
    [userId]],keep.rownames = TRUE)[]
names(rating_critic) = c('title','rating')
titles_na_critic =
    rating_critic$title[is.na(rating_critic$rating)]
ratings_t =ratings[ratings$title %in% titles_na_critic,]
#add similarity values for each user as new variable
x = (setDT(data.frame(sim_users[,userId]),keep.rownames = TRUE)
    [])
names(x) = c('critic','similarity')
ratings_t = merge(x = ratings_t, y = x, by = "critic", all.x =
    TRUE)
#mutiply rating with similarity values
ratings_t$sim_rating = ratings_t$rating*ratings_t$similarity
#predicting the non rated titles
result = ratings_t %>% group_by(title) %>%
    summarise(sum(sim_rating)/sum(similarity))
return(result)
}
```

代码执行结果：

```
> generateRecommendations(1)
Source: local data frame [1 x 2]

           title sum(sim_rating)/sum(similarity)
          (fctr)                           (dbl)
1 Lady in the Water                     2.856137
> generateRecommendations(2)
Source: local data frame [0 x 2]
```

```
Variables not shown: title (fctr), sum(sim_rating)/sum(similarity) (lgl)
> generateRecommendations(3)
Source: local data frame [1 x 2]

        title sum(sim_rating)/sum(similarity)
       (fctr)                            (dbl)
1 Just My Luck                         2.409926
> generateRecommendations(4)
Source: local data frame [0 x 2]

Variables not shown: title (fctr), sum(sim_rating)/sum(similarity) (lgl)
> generateRecommendations(5)
Source: local data frame [0 x 2]

Variables not shown: title (fctr), sum(sim_rating)/sum(similarity) (lgl)
> generateRecommendations(6)
Source: local data frame [3 x 2]

              title sum(sim_rating)/sum(similarity)
             (fctr)                            (dbl)
1      Just My Luck                         2.530981
2 Lady in the Water                         2.832550
3 The Night Listener                        3.347790
>
```

构建一个基础的推荐系统非常简单，你也会因此非常有成就感。下面是完整的代码清单：

```
library(reshape2)
library(data.table)
library(dplyr)
#data loading
ratings = read.csv("C:/Users/Suresh/Desktop/movie_rating.csv")
#data processing and formatting
movie_ratings = as.data.frame(acast(ratings, title~critic,
value.var="rating"))
#similarity calculation
sim_users = cor(movie_ratings[,1:6],use="complete.obs")
#sim_users[colnames(sim_users) == 'Toby']
sim_users[,6]
#predicting the unknown values
#seperating the non rated movies of Toby
rating_critic =
setDT(movie_ratings[colnames(movie_ratings)[6]],keep.rownames = TRUE)[]
names(rating_critic) = c('title','rating')
titles_na_critic = rating_critic$title[is.na(rating_critic$rating)]
ratings_t =ratings[ratings$title %in% titles_na_critic,]
#add similarity values for each user as new variable
x = (setDT(data.frame(sim_users[,6]),keep.rownames = TRUE)[])
names(x) = c('critic','similarity')
ratings_t = merge(x = ratings_t, y = x, by = "critic", all.x = TRUE)
#mutiply rating with similarity values
```

```
ratings_t$sim_rating = ratings_t$rating*ratings_t$similarity
#predicting the non rated titles
result = ratings_t %>% group_by(title) %>%
summarise(sum(sim_rating)/sum(similarity))
#function to make recommendations
generateRecommendations <- function(userId){
rating_critic =
setDT(movie_ratings[colnames(movie_ratings)[userId]],keep.rownames =
TRUE)[]
names(rating_critic) = c('title','rating')
titles_na_critic = rating_critic$title[is.na(rating_critic$rating)]
ratings_t =ratings[ratings$title %in% titles_na_critic,]
#add similarity values for each user as new variable
x = (setDT(data.frame(sim_users[,userId]),keep.rownames = TRUE)[])
names(x) = c('critic','similarity')
ratings_t = merge(x = ratings_t, y = x, by = "critic", all.x = TRUE)
#mutiply rating with similarity values
ratings_t$sim_rating = ratings_t$rating*ratings_t$similarity
#predicting the non rated titles
result = ratings_t %>% group_by(title) %>%
summarise(sum(sim_rating)/sum(similarity))
return(result)
}
```

2.2 本章小结

恭喜！我们已经使用 R 语言搭建了一个非常基础的推荐引擎，也学习了如何一步步搭建推荐引擎。接下来的章节，我们将学习不同类型的推荐引擎及各种技术的实现，比如 Spark、Mahout、Neo4j、R 和 Python。在第 3 章中，我们将更深入地探讨各种类型的推荐引擎。

第 3 章 Chapter 3

推荐引擎详解

在第 2 章中,我们学习了如何使用 R 语言构建一个基础的推荐系统。通过第 1 章的介绍,应该对推荐系统的概念及作用有了一个简单的认识并且知道了推荐引擎在这个数据大爆炸的年代的重要意义。在本章中,将详细介绍多种类型的推荐系统,具体介绍基于近邻算法的推荐引擎、个性化推荐引擎、基于模型的推荐系统和混合推荐引擎。

下面是本章将要介绍的不同类型的推荐系统的目录:

❑ 近邻算法推荐引擎:
- 基于用户的协同过滤
- 基于项目的协同过滤

❑ 个性化推荐引擎:
- 基于内容的推荐引擎
- 情境感知推荐引擎

❑ 基于模型的推荐引擎:
- 基于机器学习的推荐引擎
- 分类模型 -SVM/KNN
- 矩阵分解
- 奇异值分解
- 交替最小二乘法概述
- 混合推荐引擎

3.1 推荐引擎的发展

最近几年，推荐系统发展迅猛。从简单的近邻算法到个性化推荐再到情境感知推荐，从批处理推荐到实时推荐，从启发式的相似度计算到更准确、更复杂的机器学习方法的应用。

在推荐系统发展的早期阶段，生成推荐时只能基于用户对产品的评级。在这段时期，研究人员只能使用现有的评级数据，使用简单的启发式方法，例如：在计算相似度时，常采用诸如欧氏距离、皮尔逊系数、余弦相似度等。这些计算方法虽然简单，但是在相似度上的判断，却有非常好的表现，目前仍是一些推荐引擎比较常用的方法。

第一代推荐引擎可以称为协同过滤或近邻算法推荐。这些推荐算法虽然简单易用，在数据上也有不错的表现，但是也有它们自身的弱点和局限性，比如对已有数据过于依赖造成的冷启动问题，即它们无法实现向新用户（指未对商品等进行过任何评价的用户）进行商品推荐，也无法向用户推荐没有评级的新商品。当用户对产品的评级很少时，这些推荐系统无法处理这类数据十分稀疏的情形。

为了克服这些限制，一些新的方法被挖掘出来。例如，在处理大量用户评价与处理数据稀疏性问题上，通常采用数学方法（如矩阵分解和奇异值分解等）。

为了应对冷启动问题，也有新的方法出现，比如基于内容的推荐系统。这些推荐系统的出现扩大了视野，注入了新的思路，比如个性化推荐系统，它能够向每位用户独立推荐产品。在这种方法中，依赖的数据不再是评级信息，而考虑用户个人喜好和产品特征，如下图所示。

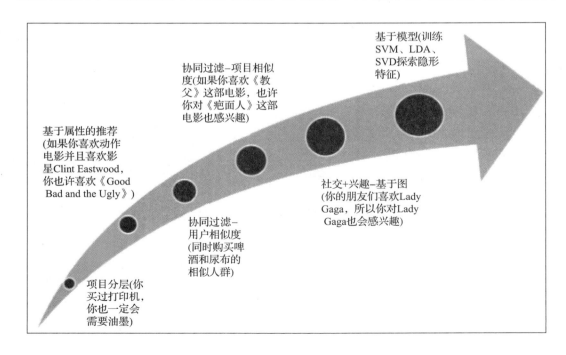

在推荐系统发展初期，相似度计算被用于基于内容的推荐系统，随着技术发展和硬件设备的不断强化升级，更为先进的方法逐步被实现出来，机器学习中更为复杂的模型渐渐取代传统的启发式方法。机器学习模型提高了推荐信息的准确性。

虽然基于内容的推荐系统解决了很多协同过滤中的缺点，但其自身也有固有的缺点，比如新发现，换句话说，就是不能在用户的偏好范围之外进行新项目的推荐。但这个问题协同过滤却可以解决。

为了解决这个问题，研究人员开始尝试将不同的推荐模型混合进行使用，之后提出了混合推荐模型。这种模型比任一单个模型都更加强大。

随着个性化推荐引擎的成功实现，人们开始将个性化扩展到其他的维度，称之为情境，例如添加位置、时间、分组信息等，这些信息改变了生成推荐信息的基础数据集。

随着技术进步，如大数据生态系统、内存分析工具（如 Apache Spark）和实时推荐处理这些技术的发展，使处理大数据集成为可能。

目前，推荐系统越来越趋向个性化方面，例如时间维度和无处不在的推荐方式。

在技术方面，正在从机器学习向更先进的神经网络深度学习方法进行扩展。

3.2 基于近邻算法的推荐引擎

顾名思义，基于近邻算法的推荐系统认为相同或相似用户的喜好相近，使用这种方式对活跃用户进行推荐。这种基于近邻算法的推荐思想设定是非常简单的：根据某一个给定的用户评级，寻找所有相似用户的历史喜好信息，根据这些活跃用户的历史信息对所有未知产品做出预测，对没有评级过该商品的用户根据近邻原则进行推荐猜测，如下图所示。

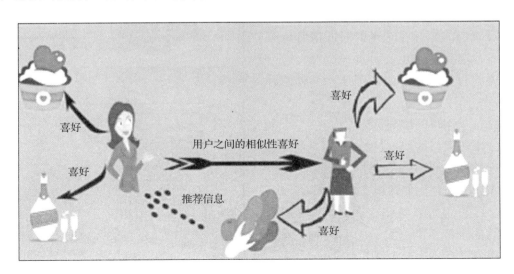

同时考虑到邻居的喜好或品味，我们先计算一下活跃用户与其他用户的相似程度，然后再向该活跃用户进行未评级项目的推荐。这里的活跃用户指的是正在使用推荐系统提供的服务的用户。由于涉及相似度计算，这些推荐系统也被称为基于相似度的推荐系统。同时，由于偏好或品味都被考虑在内，这些推荐系统也被称为协同过滤推荐系统。在这些类型的系统中，主要元素是用户、产品和用户的偏好信息，如评级、排名、对产品的喜好。

下图是来自亚马逊近邻推荐算法的展示。

这些基于启发的方法是基于以下假设：
- 在过去有相似偏好的人在未来也有相似的偏好
- 人们的偏好在未来的时间里将保持稳定和一致

协同过滤系统（如右图所示）有两种类型：
- 基于用户的协同过滤
- 基于项目的协同过滤

近邻算法只有当有用户的商品交互信息时才能工作，比如评级、喜欢/不喜欢、看过/没看过等。与将在 3.3 节了解的基于内容的推荐不同，它不考虑任何产品特征或用户对产品的个人偏好信息。

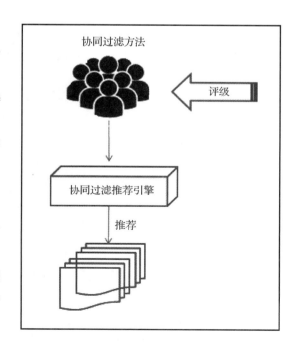

3.2.1 基于用户的协同过滤

如前所述,基于用户的协同过滤系统的基本判断思想是过去具有相似口味的人,在将来也会喜欢类似的物品。例如,如果用户 A 和用户 B 有非常相似的购物历史,当用户 A 购买了一本用户 B 还没有看过的新书,就可以将这本新书推荐给用户 B,因为他们有相似的品味。

举个例子以便我们理解基于用户的协同过滤:

问题陈述:回想我们在第 2 章中使用过的用户对电影网站中电影作品的评级数据集。任务是向这些用户推荐电影,数据集如下表所示:

Movie/User	Claudia Puig	Gene Seymour	Jack Matthews	Lisa Rose	Mick LaSalle	Toby
Just My Luck	3	1.5		3	2	
Lady in the Water		3	3	2.5	3	
Snakes on a Plane	3.5	3.5	4	3.5	4	4.5
Superman Returns	4	5	5	3.5	3	4
The Night Listener	4.5	3	3	3	3	
You Me and Dupree	2.5	3.5	3.5	2.5	2	1

在学习使用推荐方法前,我们首先要做的是:理解和分析现有的数据。现在我们按照如下步骤来分析:

- 一个与该应用有过互动的用户集合
- 一个所有可用电影的目录
- 每位用户对电影的评级

> **注意** 不是所有的用户对所有电影都进行了评级,但是未评级的电影作品只占少数。

第一步是为活跃用户找到相似的用户,然后向活跃用户推荐其还没有看过但是与其相似用户已经看过的电影。

可以归纳成两步:

1. 利用电影评级信息计算用户之间的相似度。

2. 对于每一个活跃用户,将所有其未评级但其他用户已评级电影考虑在内。为该活跃用户预测未评级电影的评级。

根据上面表格的数据,尝试为活跃用户 Jack Mathews 推荐新电影:

1. 第一步寻找与 Jack Mathews 相似的用户。通过观察数据集发现 Gene Seymour 和 Mick LaSalle 与 Jack Mathews 相似度较高。

2. 用户之间的相似度可以通过用户给定的电影评级进行计算。计算相似度最常用的方法有欧氏距离与皮尔逊相关系数。

3. 在此处可以采用欧氏距离来计算用户相似度。利用如下公式：

$$\text{Euclidean Distance}(x,y) = \sqrt{\sum_{i=1}^{n}|x_i-y_i|^2}$$

将用户、电影和评级的数据映射到坐标轴上，用户作为 x 轴，电影作为 y 轴，评级作为向量空间中的点。现在我们已经把数据投影到向量空间，两个点之间的相似度或紧密度可以用欧氏距离和皮尔逊相关系数来计算。相似度度量的详细解释将在第 4 章中进行说明。

	Claudia Puig	Gene Seymour	Jack Matthews	Lisa Rose	Mick LaSalle	Toby
Claudia Puig	1	0.7559289	0.9285714	0.9449112	0.6546537	0.8934051
Gene Seymour	0.7559289	1	0.9449112	0.5	0	0.3812464
Jack Matthews	0.9285714	0.9449112	1	0.7559289	0.3273268	0.662849
Lisa Rose	0.9449112	0.5	0.7559289	1	0.8660254	0.9912407
Mick LaSalle	0.6546537	0	0.3273268	0.8660254	1	0.9244735
Toby	0.8934051	0.3812464	0.662849	0.9912407	0.9244735	1

使用前面的公式，我们可以计算表中所有用户之间的相似度，如上表所示。通过观察该表，我们可以发现活跃用户 Toby 与 Lisa Rose 最为相似。

第二步，我们通过其他用户对《Just My Luck》给出的评级，通过加权平均方法计算，预测 Jack 对未评级电影《Just My Luck》的评级，方法如下：

(3 × 0.9285 + 1.5 × 0.944 + 3 × 0.755 + 2 × 0.327) ÷ (0.8934051 + 0.3812464 + 0.9912407 + 0.9244735) = 2.23

在上面的等式中，将其他用户对《Just My Luck》的评级与他们与 Jack 的相似度乘积求和。然后将这个乘积之和除以所有相似度之和以得到最后的评级。同样的方法，我们可以为其他用户推荐他们未评级过的电影。

3.2.2 基于项目的协同过滤

基于项目的协同过滤推荐系统与基于用户的协同过滤不同，它使用项目之间的相似度而不是用户之间的相似度。基于项目的推荐系统的基本思想是，如果用户的历史数据中显示过对项目 A 喜欢，如果项目 B 与项目 A 相似，那么该用户可能也喜欢项目 B，如下图所示。

基于用户的协同过滤有几个缺点：

- ❑ 在现实生活中用户的评级数据通常非常稀疏，用户在一个数据庞大的分类中只会有非常少量的评级数据，这会对系统造成很大的影响。
- ❑ 当数据量非常庞大时，计算所有用户的相似度值的成本是非常高昂的。

> 基于项目的协同过滤的基本思想是：如果用户喜欢项目A，那么他很可能对与项目A相似的项目B同样感兴趣。

❑ 当用户画像或用户输入变化很快时，那么我们必须重新计算相似度，它的计算成本非常高昂。

基于项目的推荐引擎可以避免上述这些缺点，通过计算项目或产品之间的相似度，而不是计算用户之间的相似度，从而降低计算成本。因为项目目录不会经常发生改变，我们不需要经常重新计算相似度。

与基于用户的协同过滤方法步骤大致相同，基于项目的协同过滤步骤如下：

1. 计算项目间的相似度。
2. 通过利用活跃用户之前已经评级的项目，对还没有评级的项目进行预测评级。

基于项目的协同过滤最常用的相似度度量是余弦相似度。余弦相似度计算的是在向量空间中两个 n 维向量之间的相似度。由以下方程给出：

$$sim(\vec{a}, \vec{b}) = \frac{\vec{a} \cdot \vec{b}}{|\vec{a}| * |\vec{b}|}$$

在将余弦相似度应用于推荐系统时，我们将项目列看作 n 维向量，并将两个项目之间的相似度看作它们之间的夹角。角度越小，项目越相似。

例如，在前面的数据集中，如果我们想要预测 Toby 对电影《Lady in the Water》评级，首先我们要找出与《Lady in the Water》相似的电影。使用上面的余弦方程，我们可以计算所有项目的相似度。下表显示所有电影的相似度值。

 注意 以项目为基础的相似度计算只针对共评项目。

	Just My Luck	Lady in the Water	Snakes on a Plane	Superman Returns	The Night Listener	You Me and Dupree
Just My Luck	1.0000000	0.6339001	0.7372414	0.7194516	0.8935046	0.7598559
Lady in the Water	0.6339001	1.0000000	0.7950515	0.8149529	0.7977412	0.8897565
Snakes on a Plane	0.7372414	0.7950515	1.0000000	0.9779829	0.8585983	0.9200319
Superman Returns	0.7194516	0.8149529	0.9779829	1.0000000	0.8857221	0.9680784
The Night Listener	0.8935046	0.7977412	0.8585983	0.8857221	1.0000000	0.9412504
You Me and Dupree	0.7598559	0.8897565	0.9200319	0.9680784	0.9412504	1.0000000

通过观察上面表格，可以看出《You Me and Dupree》与《Lady in the Water》相似度最高（0.8897565）。

现在可以通过 Toby 对《Lady in the Water》评级计算加权总和来进行预测。也就是说，我们使用 Toby 评级过的每一部电影与《Lady in the Water》的相似度分数，乘以对应的评级，并对所有已评级电影的分数求和。这个最后的总和除以《Lady in the Water》的相似度分数总和，如下所示：

计算《Lady in the Water》的电影评级：

$$(0.795 \times 4.5 + 0.814 \times 4 + 0.889 \times 1) \div (0.795+0.814+0.889) = 3.09$$

同理，通过上述的计算方式可以推算出其他用户对电影的评级。在第 4 章中，将会介绍其他可用于基于项目推荐系统中的相似度的度量方式。

3.2.3 优点

- 易于实现。
- 在构建推荐时，无论是产品的内容信息，还是用户的画像信息，都不需要。
- 新项目被推荐给用户，往往会带来意想不到的惊喜。

3.2.4 缺点

- 计算成本较高，它需要将所有的用户、产品和评级信息全部加载到内存中进行相似度计算。
- 这种方法对于没有任何用户信息的新用户会失效，无法进行推荐。这就是常说的冷启动问题。
- 在只有少量数据的情况下，这种算法的效果不理想。
- 在没有任何用户或者产品内容信息的情况下，无法只通过评级信息生成准确的推荐信息。

3.3 基于内容的推荐系统

在 3.2 节我们看到通过仅参考用户对产品的评级或是交互信息从而生成推荐信息，换而言之，为活跃用户推荐新项目是基于与当前用户相似的用户对该项目的评级来进行的。

回忆一下前面介绍到的电影评级数据，其中有个用户给某部电影打了 4 星，在协同过滤中，算法只需要考虑根据评级去生成推荐。而在现实世界中，真实用户之间进行推荐时会根据电影特点或者内容来评级，比如电影的类型、演员、导演、故事情节和剧本。真实用户会根据个人喜好有选择性地进行观看。根据这些现实情况，想要达到最大化实现商业目的，在构建推荐引擎时，需要通过考虑如何根据个人的品味和产品内容来进行推荐，而不是单纯地将目标设定在寻找相似用户的品味以进行推荐。

这种针对用户自身偏好和产品内容的推荐，称之为基于内容的推荐系统，如下图所示。

构建基于内容的推荐引擎的另一个目的是想要解决协同过滤方法中新用户面临的冷启动问题。当一个新用户登录时，可以根据个人的品味，进行新项目的推荐。

构建基于内容的推荐系统，主要有以下三个步骤：

1. 生成产品的内容信息。
2. 根据产品的特征生成用户画像和偏好项。
3. 生成推荐信息，预测用户偏好的项目列表。

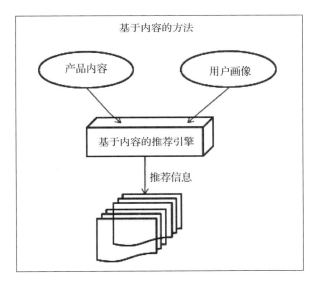

项目画像生成：该步主要将产品根据产品特征进行抽象描述。最常见是将产品内容表示在向量空间模型中，将产品名称作为行，特征作为列。通常产品内容可能是结构化数据，也可能是非结构化数据。结构化数据会存储到数据库中，非结构化的特征可能包含网站中相关的评论、标签或者是文本属性。在本步骤中，需要提取相关的特征以及它们与产品相关的相对重要性分值。

对项目进行画像生成时可以使用词频—逆文档频率（简称 TF—IDF），它可以计算出项目相关的较为重要特征。由于该推荐系统需要将项目的特征使用向量进行表示，所以可以使用 TF—IDF，更为详细的解释见第 4 章。

举个例子以方便大家更好地理解这种思想。上面提到基于内容的推荐引擎需要更多关于电影内容的信息，如下表所示。

Movies	Genre
Just My luck	Romance
Lady in the water	Thriller
snakes on a plane	Action
Superman Returns	ScienceFiction
The Night Listener	Mystery
You Me and Dupree	Comedy

首先我们要做的是使用 TF—IDF 创建项目画像。详细步骤如下：

创建一个特征词频矩阵，它通常包含对每个文档中每个特征词的详细统计，引入到本例中，可以理解成每部电影是否属于某一类型。数字 1 代表属于该类型，而 0 代表不属于该类型，如下表所示。

	Romance	Thriller	Action	ScienceFiction	Mystery	Comedy	Fantasy	Crime
Just My luck	1	0	0	0	0	0	1	0
Lady in the water	0	1	0	0	0	0	1	0
snakes on a plane	0	1	1	0	0	0	0	0
Superman Returns	0	0	0	1	0	0	1	0
The Night Listener	0	0	0	0	1	0	0	1
You Me and Dupree	1	0	0	0	0	1	0	0

接下来通过逆文档频率（IDF）的公式计算出每个电影类型的频率。公式如下：

$$Idf = \log(文档总数 / 文档频率)$$

本例中，文档的总数是电影的总数，文档频率指的是它们在所有文档中出现的总次数，如下表所示。

Romance	Thriller	Action	ScienceFiction	Mystery	Comedy	Fantasy	Crime
1.0986123	1.0986123	1.7917595	1.7917595	1.7917595	1.7917595	0.6931472	1.7917595

最后一步是通过以下公式构建 TF—IDF 矩阵：

$tf*idf$

	Romance	Thriller	Action	ScienceFiction	Mystery	Comedy	Fantasy	Crime
Just My luck	1.098612	0.000000	0.000000	0.000000	0.000000	0.000000	0.6931472	0.000000
Lady in the water	0.000000	1.098612	0.000000	0.000000	0.000000	0.000000	0.6931472	0.000000
snakes on a plane	0.000000	1.098612	1.791759	0.000000	0.000000	0.000000	0.0000000	0.000000
Superman Returns	0.000000	0.000000	0.000000	1.791759	0.000000	0.000000	0.6931472	0.000000
The Night Listener	0.000000	0.000000	0.000000	0.000000	1.791759	0.000000	0.0000000	1.791759
You Me and Dupree	1.098612	0.000000	0.000000	0.000000	0.000000	1.791759	0.0000000	0.000000

3.3.1 用户画像生成

本步将构建匹配产品内容的用户画像或偏好矩阵。一般来说，在构建用户画像或特征时基于共同的产品内容，而通过比较用户和项目画像并计算它们之间的相似度将会更有意义。

考虑下表中的数据集，该数据集记录了每位用户的历史观影记录。单元格中为 1 表示用户观看过该部电影。这些信息清晰地说明了用户对电影的偏好。

	Claudia.Puig	Gene.Seymour	Jack.Matthews	Lisa.Rose	Mick.LaSalle	Toby
Just My luck	1	1	NA	1	1	NA
Lady in the water	NA	1	1	1	1	NA
snakes on a plane	1	1	1	1	1	1
Superman Returns	1	1	1	1	1	1
The Night Listener	1	1	1	1	1	NA
You Me and Dupree	1	1	1	1	1	1

根据前面的信息，我们将创建一个可以用来与项目画像比较的用户画像，也就是说，我们现在要构建一个用户画像，其中包含用户对项目特征（这里是电影类型信息）的偏好。将 TF—IDF 和用户偏好矩阵求点积，从而得到用户对每种类型电影的亲和度，如下表所示。

dotProduct(Tf-idf, userPreference matrix)

	Romance	Thriller	Action	ScienceFiction	Mystery	Comedy	Fantasy	Crime
Claudia.Puig	6.042368	3.845143	6.271158	7.167038	8.062918	4.479399	4.852030	8.062918
Gene.Seymour	5.493061	7.140980	6.271158	8.958797	5.375278	6.271158	6.584898	5.375278
Jack.Matthews	3.845143	7.690286	7.167038	8.958797	5.375278	6.271158	5.545177	5.375278
Lisa.Rose	6.042368	6.591674	6.271158	6.271158	5.375278	4.479399	6.238325	5.375278
Mick.LaSalle	4.394449	7.690286	7.167038	5.375278	5.375278	3.583519	5.545177	5.375278
Toby	1.098612	4.943755	8.062918	7.167038	0.000000	1.791759	2.772589	0.000000

现在已经得到用户画像和项目画像，接下来可以预测用户对每个项目的喜爱程度。我们现在可以通过余弦相似度计算用户对项目的喜好。在本例中，通过计算用户画像和项目画像的余弦相似度得出以下结果。

cosineSimilarity(userProfile,ItemProfile)

	Just My luck	Lady in the water	snakes on a plane	Superman Returns	The Night Listener	You Me and Dupree
Claudia.Puig	0.8919446	0.8826889	0.8057865	0.8173293	0.7461213	0.7964116
Gene.Seymour	0.9478958	0.9442628	0.8729500	0.8891199	0.8219716	0.8696591
Jack.Matthews	0.8879721	0.9029502	0.8005526	0.8502198	0.7538020	0.8210059
Lisa.Rose	0.9478958	0.9442628	0.8729500	0.8891199	0.8219716	0.8696591
Mick.LaSalle	0.9478958	0.9442628	0.8729500	0.8891199	0.8219716	0.8696591
Toby	0.6232739	0.6408335	0.5219196	0.5785800	0.4712180	0.5430630

从上面的表格中，我们不难发现，余弦角越大越可能是用户喜欢的电影，也就是可以向用户推荐的电影。

现在我们已经完成了推荐，让我们回头看一下如何收集用户喜好数据。通常有两种获取用户数据的方法，如下所示：

- 直接询问式，即明确地询问用户对产品特征的喜好，并进行存储。
- 隐式获取，即在后台收集用户与产品的交互数据，如浏览历史、评级历史和购买历史，并生成用户对产品特征的喜好。在第 4 章和第 5 章中，将会介绍如何利用直接询问式和隐式获取收集活跃用户数据，从而构建推荐引擎。

到目前为止介绍的基于内容的推荐引擎，都是基于相似度计算。当然并不是只有相似度算法，也可以使用有监督的机器学习方法，如分类也可以用在推测用户最有可能喜欢的产品上。

使用机器学习或其他数学模型、统计模型生成推荐信息的推荐系统称为基于模型的推荐系统。基于分类的方法属于基于模型的推荐系统，首先使用用户画像和项目画像构建机器学习模型来预测用户对项目是否喜欢。有监督分类常用的有：逻辑回归、KNN 分类、概率方法等。基于模型的推荐引擎将在 3.4 节中讨论。

3.3.2 优点

- 基于内容的推荐系统以实现个性化推荐为目标。
- 推荐信息是基于个人的喜好来进行推荐，而不像协同过滤需要通过用户社区。
- 可以支持实时性推荐的要求，因为不需要加载所有的数据进行处理或生成推荐信息。
- 比协同过滤方法准确性更高，因为它处理了产品内容，而不是只基于评级信息。
- 能处理冷启动问题。

3.3.3 缺点

- 随着推荐系统更加个性化，当加入更多用户信息时，只能生成用户小范围的喜好信息推荐。
- 上述问题将会导致用户信息闭塞，新产品无法推送给用户。
- 用户敏感度降低，对其周围的信息或是趋势无法得到感知。

3.4 情境感知推荐系统

随着时间的推移，推荐系统一直在不断地快速发展变化，从最初的基于近邻算法的推荐引擎到针对单个用户的个性化推荐系统的出现。这些个性化推荐系统在商业上的应用取得了巨大的成功，它为用户提供了较合理的推荐信息，提高了用户的购买可能性，使企业获得更多利益。

尽管个性化推荐系统定位在单个用户级别，推荐的信息是根据个人喜好得出，但仍然有可以改进的地方。比如，同一个人在不同的地方可能有不同的需求。又或者，同一个人在不同的时间也会有不同的需求。如下图所示。

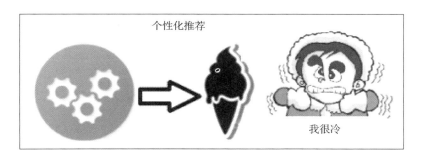

我们的推荐引擎需要足够智能，它需要进化到能够满足用户在不同时间、不同地点的需求。比如冬天推荐用户购买皮夹克，夏天推荐人们购买衬衫。又或是，根据一天的不同时段，为用户推荐好的餐厅进行早餐或者晚餐，这样的推荐信息对于用户来说是非常有帮助的。这种可以考虑到位置、时间、情绪等相关因素，定义用户的情境并进行推荐的系统，被称为情境感知推荐系统，如下图所示。

上图展示了一个在寒冷的天气向用户推荐热咖啡的推荐引擎。

3.4.1 情境定义

那么到底什么是情境呢？一般来说，情境指的是用户所处的当前状态。用户的情境可以是用户所处的任何状态，比如地点、时间、日期、季节、心情、计划、用户是否一个人、是在办公室、在度假、与家人或朋友在一起、是否面临人生大事等。正是因为用户在不同的情境下会有不同的需求，所以推荐系统可以捕捉用户的情境信息，从而为用户提供更为有效的推荐。

例如，旅游度假推荐引擎可以考虑把季节、地点和时间作为情境以改善推荐。又或者在电子商务网站的推荐引擎中，可以把用户是否面临人生大事和用户的购买行为考虑为推荐情境。又或是一个食品网站推荐引擎可以考虑用餐时间、地点等信息。

情境感知推荐系统需要如何设计？到现在为止，书中已经介绍的推荐引擎最多是在二维空间中建模，主要是基于用户的偏好和项目特征数据而进行的。而对于情境感知推荐系统来说，它在建模的时候加入了一个新的维度，即分析用户的情境。使推荐引擎从解决二维问题扩展到三维问题，如下图所示。

$$Recommendations = User \times Item \times Context$$

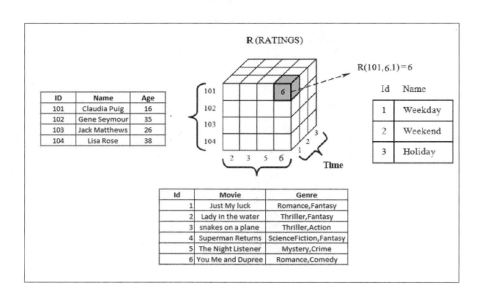

回顾一下基于内容的推荐系统中涉及的例子。基于内容的推荐引擎考虑用户画像和项目画像，通过计算用户画像和项目画像的相似度并基于用户偏好以为每个项目生成用户评级。而在情境感知推荐系统中，需要考虑加入情境，对应用户偏好和情境生成项目排序。

举例说明，假设推荐系统已经收集到用户在不同时间观影的历史数据，类型包括 weekday、weekend 和 Holiday。通过该情境信息，可以分析出每位用户与电影内容之间的关系。如下表所示，表中数据显示用户 TOBY 在以观影时间类型为情境的前提下，会对哪种电影内容比较感兴趣。

	Romance	Thriller	Action	ScienceFi	Mystery	Comedy	Fantasy	Crime
weekday	0.3	0	0.2	0	0	0.5	0	0
weekend	0.4	0	0	0.3	0	0	0.3	0
Holiday	0	0.5	0	0.4	0	0	0.1	0
Preferences of TOBY	1.09	4.94	8.06	7.16	0	1.79	2.77	0

通过对用户数据的分析，参考所有的电影内容类型，可以为用户 TOBY 构建一个基于内容情境的用户画像。

将得到情境矩阵和用户画像矩阵求点积，从而得出关于所有情境的用户画像，如下表所示。

Dotproduct(user profile, context matrix) for TOBY：

TOBY CONTEXT		Romance	Thriller	Action	ScienceFi	Mystery	Comedy	Fantasy	Crime
	weekday	0.32958	0	0.35835	0	0	0.89588	0	0
	weekend	0.43944	0	0	0.53753	0	0	0.20794	0
	Holiday	0	0.54931	0	0.7167	0	0	0.06931	0

现在计算得到了 TOBY 关于电影内容的各个情境的偏好。下一步是计算 TOBY 在全部情境中对每部电影的排序，如下表所示。

Cosine similarity (contextual movie content preference matrix, item profile)：

	Just My luck	Lady in the water	snakes on a plane	Superman Returns	The Night Listener	You Me and Dupree
weekday	0.27337511	0.000000	0.2996171	0.0000000	0	0.918004
weekend	0.66588719	0.153096	0.0000000	0.7952170	0	0.316934
Holiday	0.04083948	0.553805	0.3170418	0.7656785	0	0.000000

现在得到了 TOBY 的情境级电影排序，可以在此基础上进行电影推荐了。

从上面的例子中，不难看出现在接触到的这种情境感知推荐系统，其实是在基于内容的推荐系统的基础上加入了一个新的维度，即情境。情境感知系统在生成推荐信息时，主要过程分为两步，如下所述：

1. 根据用户的喜好，为每位用户生成产品推荐列表，也就是基于内容的推荐。
2. 根据特定的情境，筛选出推荐信息。

常用的构建情境感知系统的方法如下：
- 前置过滤法
- 后置过滤法

3.4.2 前置过滤法

在前置过滤法中，情境信息会被应用到用户画像和产品内容上。这一步会过滤掉所有非相关的特征，最终的个性化推荐会通过剩余的特征集生成。因为特征过滤是在生成个性化推荐之前进行的，所以称这种方法为前置过滤法。如下图所示。

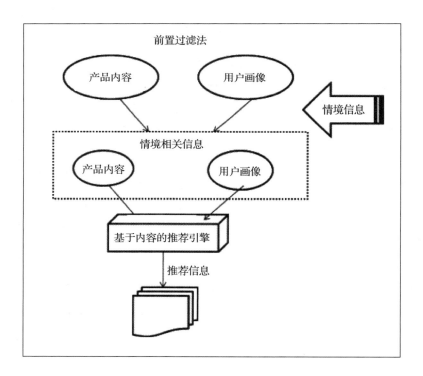

3.4.3 后置过滤法

在后置过滤法中，首先会基于用户画像和产品特征生成个性化推荐，之后再根据当前情境过滤出相关产品。如下图所示。

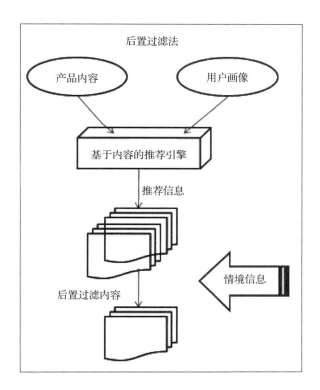

3.4.4 优点

- 情境感知系统在进行推荐时加入了情境,这种推荐引擎参考了用户的动态并不断地同步更新用户数据,所以由它生成的推荐信息更能贴近用户的真实需求,与个性化的基于内容的推荐系统相比,情境感知系统在推荐信息上更具有先进性。
- 情境感知系统具有更强的实时性。

3.4.5 缺点

- 与其他的个性化推荐系统一样,额外的亮点因素也会在这类推荐系统中缺失。

3.5 混合推荐系统

协同过滤推荐系统与基于内容的推荐系统都很有效,适用范围也很广。它们都有很成功的实现,但也有各自的局限性。目前的研究已经开始朝着如何结合协同过滤和基于内容的推荐的方向发展。将这两种推荐系统相结合,产生的新型推荐系统,被称之为混合推荐系统。

如何选择要混合的推荐系统呢？这要根据需要解决什么类型的现实问题或是基于什么样的业务需求考虑，当然还要取决于一个经验丰富的开发人员对问题的判断。

构建混合推荐系统最常见的方法如下：
- 加权法
- 混合法
- 变换法
- 层叠法
- 特征组合法
- 特征扩充法
- 元级别（Meta-level）

3.5.1 加权法

在这种方法中，最终的推荐将是所有可用的推荐引擎的推荐结果的组合，通常是线性的。在部署这种加权混合推荐引擎之初，对各个推荐引擎的结果赋予的权重是相等的，然后通过评估用户对推荐的响应，逐渐调整权重。

3.5.2 混合法

当可以混合所有可用的推荐引擎的有效推荐结果时，就可以应用混合法。这种方法主要应用在因为数据稀疏导致不能通过所有可用的推荐系统获得产品评分的情况。因此在采用这种方式生成推荐信息时，推荐是独立生成的，并在发送给用户之前先进行混合。

3.5.3 层叠法

在这种方法中，推荐信息通常采用协同过滤的方式生成。之后应用基于内容的推荐技术，将最终的推荐信息或排序列表进行输出。

3.5.4 特征组合法

特征组合法组合不同推荐系统的特征并将最终推荐方法应用于组合的特征集。在这种技术中，我们组合来自基于内容的推荐系统的用户—项目偏好特征和用户—项目评级信息，并考虑一个新的策略来构建混合推荐系统（如下图所示）。

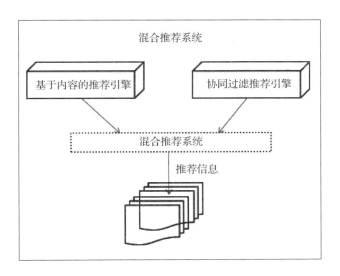

3.5.5 优点

- 混合推荐系统可以处理冷启动问题和数据稀疏问题。
- 混合推荐系统的健壮性和可扩展性比任何单独的推荐模型要好很多。
- 混合推荐系统将各种方法进行组合,使推荐的准确率得到了提高。

3.6 基于模型的推荐系统

到目前为止,我们都专注于用于协同过滤方法的包含用户或产品之间相似度计算的近邻方法,或是将用户和项目内容在一个向量空间模型表示,并寻找相似度度量以识别相似于用户偏好的项目。基于相似度的方法的主要目标是计算出产品或者产品内容的用户偏好权重,然后使用这些特征权重来推荐项目。

这些方法一直很成功,但它们也有自身的局限性。因为相似度计算时,所有的数据都必须加载到环境中,这些方法也被称为基于内存的模型。这些基于内存的模型当数据量非常大时在实时场景中响应速度非常慢,因为所有数据都需要被加载。另一个局限是权重的计算并不是像机器学习应用一样自动学习的。第三个局限是,冷启动问题对系统的限制,基于近邻的方法与基于内存的方法都存在这个问题。

为了突破上述这些局限,相关研究人员已经开始采用更为先进的方法来提升推荐引擎处理问题的能力。如引入概率模型、机器学习模型和矩阵方法等,机器学习常用的有:有监督模型和无监督模型,矩阵方法常用的有:矩阵分解和奇异值分解。在基于模型的方法中,可以利用现有的历史数据,通过自动学习得到的权重进行建模。根据得到的权重信息进行针对产品的预测，将得到的最终结果按照特定需求进行排序，最后得到推荐结果。

3.6.1 概率法

在概率法中，根据来自可用数据的先验概率构建一个概率模型，并根据计算每个用户对产品的偏好概率，如喜欢／不喜欢的概率值，生成推荐排序列表。其中最常用的有朴素贝叶斯算法，这种技术的特点是简单易用，但是功能强大。

3.6.2 机器学习法

如在基于内容的推荐系统中所述，我们可以将推荐问题转变成机器学习的问题进行思考。使用已有的历史用户和产品数据，我们可以从中提取出特征和输出类，然后构建机器学习模型。再使用生成的模型，生成最终的产品推荐列表。常用的机器学习方法有：逻辑回归、KNN 分类、决策树、SVM（支持向量机）、聚类等。这些方法在协同过滤、基于内容的推荐系统、情境感知系统和混合推荐系统中都有应用。在第 4 章中将详细讲解每种机器学习方法。

3.6.3 数学法

在这些方法中，我们假设产品的用户评级或交互信息是简单的矩阵。在这些矩阵中，我们使用数学方法来预测用户对缺失项的评级。最常用的方法是矩阵分解模型和奇异值分解模型，如下图所示。

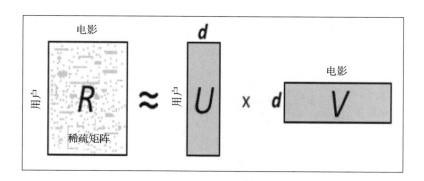

通过应用矩阵分解方法，假设将原有的评级矩阵 R 分解成两个新的矩阵（U，V），分别代表用户和电影的潜在特征。

使用数学方法，我们可以把矩阵分解为两个低秩矩阵。在上面的例子中，矩阵 R 分解成矩阵 U 和 V，现在当我们将 U 和 V 进行乘法运算时，将会得到原来的矩阵 R。这个概念常被用在推荐引擎中以对原始评级矩阵中的未知评级进行填充。然后对推荐信息进行排序，并向用户进行推荐。

在第 4 章中将更详细地讨论这两种方法。

3.6.4　优点

- 基于模型的方法比基于启发式的方法（如近邻算法）更为准确。
- 在启发式方法中，产品或者产品内容的权重更为静态，而在基于模型的推荐引擎中，权重是通过自动学习得到的。
- 基于模型的方法使用数据驱动的方法可以提取出很多我们没有发现的模式。

3.7　本章小结

通过本章的学习，我们已经了解到很多流行的推荐引擎技术，如协同过滤、基于内容的推荐系统、情境感知系统、混合推荐系统、基于模型的推荐系统，还有这些系统自身存在的优缺点。本章还介绍了多种相似度计算的方法，如余弦相似度、欧氏距离和皮尔逊系数。对每个推荐系统的子分类也进行了说明。

在第 4 章中，我们将会学习不同的数据挖掘技术，如在推荐引擎中应用的近邻方法、机器学习方法，以及它们的评估技术，如均方根误差（RMSE）和准确率 – 召回率。

第 4 章

数据挖掘技术在推荐引擎中的应用

数据挖掘技术是推荐引擎的核心。它在实现模式提取、用户分组、相似度计算、偏好预测、稀疏数据的处理、推荐模型评估等方面，提供了很大的帮助。在第 3 章，我们对推荐系统已经有了一个较为全面的了解，虽然并没有深入地介绍推荐引擎的具体实现，但是对各类推荐系统背后的思想进行了较为全面的介绍，比如基于近邻算法的推荐、个性化推荐、情境感知推荐、混合推荐等。在本章中，我们会关注目前流行的用于构建推荐引擎的数据挖掘技术，安排单独一章来做介绍是因为推荐引擎涉及的知识种类繁多，接下来的章节会讲解具体实现。

本章大致分为以下几个部分：
- 基于近邻算法的技术
  - 欧氏距离
  - 余弦相似度
  - Jaccard 相似度
  - 皮尔逊相关系数
- 数学建模技术
  - 矩阵分解
  - 交替最小二乘法
  - 奇异值分解
- 机器学习技术
  - 线性回归
  - 分类模型

- 聚类技术
  - k 均值聚类
- 降维
  - 主成分分析
- 向量空间模型
  - 词频
  - 词频 – 逆文档频率
- 评估技术
  - 均方根误差
  - 平均绝对误差
  - 精确率和召回率

每节将介绍技术的原理与 R 语言实现。

我们从回顾推荐引擎中常用的基础知识开始。

4.1 基于近邻算法的技术

正如前面几章介绍的，近邻算法是非常简单的技术，推荐引擎最初构建时使用的就是这种方法，并一直延续至今。近邻算法应用广泛的原因是它推荐信息的准确度很高。我们知道几乎大部分的推荐引擎，其内部的工作原理都是建立在计算用户或项目的相似度上。近邻算法通常将两个用户或两个项目间的可用信息考虑为两个向量，再通过简单的数学计算得出两个向量之间的相似程度。在本节中，我们主要讨论以下近邻技术：

- 欧氏距离
- 余弦相似度
- Jaccard 相似度
- 皮尔逊相关系数

4.1.1 欧氏距离

欧氏距离是最常用的相似度度量技术之一，用于计算两个点或两个向量之间的距离。它是两个点或向量之间在向量空间中的路径距离。

下图是图形化描述，两个向量 a 和 b 之间的路径距离，就是欧氏距离。

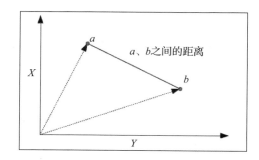

欧氏距离基于毕达哥拉斯定理计算两点之间的距离。

数据集中的两个点或者对象（点 x 和点 y）之间的欧氏距离计算公式为：

$$欧式距离(x, y) = \sqrt{\sum_{i=1}^{n}|x_i - y_i|^2}$$

这里的 x 和 y 是两个连续的数据点，n 表示的是数据集的属性数。

欧氏距离是如何在推荐引擎中应用的呢？

考虑一个行数据表示用户 ID、列数据表示项目 ID 以及单元格为偏好值的评级矩阵，可以通过计算两行之间的欧氏距离，得到用户之间的相似度，并且通过计算两列之间的欧氏距离，得到项目之间的相似度。当数据是由连续值组成的时，使用该度量。

计算欧氏距离的 R 语言脚本如下：

```
x1 <- rnorm(30)
x2 <- rnorm(30)
Euc_dist = dist(rbind(x1,x2) ,method="euclidean")
```

```
> x1
 [1]  0.7824548 -0.2623895  0.5276719  1.2552186 -0.9803315 -0.4561338  2.4051567
 [8]  0.6858002 -0.8711695 -0.2618928  0.2973917  0.8448787  0.2188954 -1.2323462
[15]  0.9133412 -0.4238214 -0.5814376 -0.2448999  1.1896259 -0.9937443  0.6576142
[22] -0.1357882 -0.5627333 -0.8575745  0.2385076  0.7217603 -1.7579127 -0.7489078
[29] -0.3605539 -0.7173789
> x2
 [1]  0.36918961 -0.85669259 -0.66356226  0.70927104 -0.24235742  0.68548041  0.97911641
 [8]  0.19732953 -0.83348519  0.38272366 -1.61543924  2.31314283  1.44765481 -0.77416639
[15]  1.20584033 -0.94992148 -0.73585753 -1.32329554  0.10810163 -0.62878243  1.22097185
[22]  0.33721922 -0.03807742 -0.55773028  0.68864984  1.26823921 -0.94928127  0.88784091
[29]  0.81162258  1.37679405
> Euc_dist = dist(rbind(x1,x2),method = "euclidean")
> Euc_dist
         x1
x2 5.259711
> 
```

4.1.2 余弦相似度

余弦相似度是内积空间中两个向量之间的相似度度量，它度量两个向量的夹角余弦值，由下式给出：

$$相似度 = \cos(\theta) = \frac{A \cdot B}{\|A\|\|B\|}$$

令 a 向量为（$a1$，$a2$，$a3$，$a4$），b 向量为（$b1$，$b2$，$b3$，$b4$）。a 向量和 b 向量的点积表示成：

$$a \cdot b = a1b1 + a2b2 + a3b3 + a4b4$$

通过这种运算得到的结果是一个单值，并且是一个标量常数。那么这两个向量点积的意义是什么？要回答这个问题，就需要定义两个向量之间点积的几何意义。

$$\vec{a} \cdot \vec{b} = \|\vec{a}\|\|\vec{b}\|\cos\theta$$

将上面的公式进行整理，可以得到下面的结果：

$$\vec{a} \cdot \vec{b} = \|\vec{b}\|\|\vec{a}\|\cos\theta$$

上面的方程中，$\cos\theta$ 是两个向量之间的夹角余弦，$a\cos\theta$ 是向量 a 到向量 b 的投影。两个向量之间点积的向量空间图形化表示如下图所示。

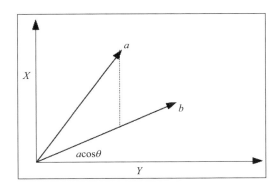

当两个向量之间的夹角为 90° 时，余弦值等于零，点积计算结果为零，表示它们相互正交，所以可以得出的逻辑结论是它们相距甚远，如下图所示。

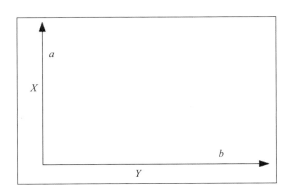

当两个向量之间的夹角逐渐减小时，它们的方向会越来越相似。

当两个向量之间的夹角为 0 时，余弦值等于 1，两个向量彼此重合，如下图所示。因此，我们可以说两个向量在各自的方向上是相似的，如下图所示。

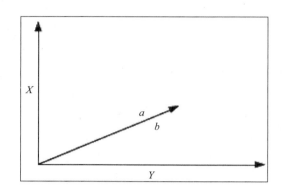

因此，我们可以通过计算两个向量的夹角余弦，用得到的结果标量值判断两个向量在方向上的接近程度：

$$\vec{a} \cdot \vec{b} = \|\vec{a}\| \|\vec{b}\| \cos\theta$$

$$\cos\theta = \frac{\vec{a} \cdot \vec{b}}{\|\vec{a}\| \|\vec{b}\|}$$

上文提到的点积有什么意义呢？当我们在两个向量之间进行点积运算时，得到的标量值表示它们之间的夹角余弦。如果标量为零，则两个向量是正交的，不相关。如果标量为 1，则两个向量相似。

下面介绍一下夹角余弦相似度在推荐引擎中的应用。

如前所述，考虑一个将用户 ID 作为行、项目 ID 作为列的评级矩阵，可以假设矩阵的每一行就是用户向量，每一列就是项目向量。

行向量之间的夹角余弦代表用户相似度，列向量之间的夹角余弦代表项目相似度。

计算余弦距离的 R 脚本如下：

```
vec1 = c( 1, 1, 1, 0, 0, 0, 0, 0, 0, 0, 0, 0 )
vec2 = c( 0, 0, 1, 1, 1, 1, 1, 0, 1, 0, 0, 0 )
library(lsa)
cosine(vec1,vec2)
```

这里 c 是包含数据集中的所有变量的矩阵，余弦函数可以从 lsa 包中获得。lsa 是 R 语言中常用的文本挖掘包，通常用于发现文本中潜在的特征或主题。这个包提供 cosine() 方法, 用于计算两个向量间的夹角余弦。

4.1.3 Jaccard 相似度

Jaccard 相似度是推荐引擎中另一种常用的相似度度量方法。**Jaccard 相似系数**是两个用户或项目之间的特征交集与特征并集的比值。

从数学上讲，如果 A 和 B 是两个向量，Jaccard 相似度的计算公式如下：

$$J(A, B) = \frac{|A \cap B|}{|A \cup B|}$$

Jaccard 相似系数是用来在样本集中发现相似度和差异的一个统计量。用户和项目通常可以表示成向量或者集合，所以可以很容易地将 Jaccard 系数应用到推荐系统中，从而找到用户或项目之间的相似度。

下面代码展示了如何使用 R 语言计算 Jaccard 相似度：

```
vec1 = c( 1, 1, 1, 0, 0, 0, 0, 0, 0, 0, 0, 0 )
vec2 = c( 0, 0, 1, 1, 1, 1, 1, 0, 1, 0, 0, 0 )
library('clusteval')
cluster_similarity(vec1, vec2, similarity = "jaccard")
```

`clusteval` 是 R 中常用的评估聚类技术的包，其中的 `Cluster_similarity()` 方法提供了一个很好的 Jaccard 相似度计算实现。

4.1.4 皮尔逊相关系数

另一种找到相似度的方法是找到两个向量之间的相关性。这种方法通常是使用向量之间的相关关系，而不是单纯地使用距离度量寻找向量之间的相似度。

皮尔逊相关系数的计算公式如下：

$$r = r_{xy} = \frac{1}{n-1} \sum_{i=1}^{n} \left(\frac{x_i - \bar{x}}{s_x} \right) \left(\frac{y_i - \bar{y}}{s_y} \right)$$

其中 r 表示相关系数，n 是数据点总数，x_i 是向量 x 的第 i 个向量点，y_i 是向量 y 的第 i 个向量点，$\bar{x}$ 是向量 x 的均值，$\bar{y}$ 是向量 y 的均值，s_x 是向量 x 的标准差，s_y 是向量 y 的标准差。

另一种计算两个变量相关系数的方法是用两个变量的协方差除以它们的标准差的乘积，由下式给出：

$$\rho_{X, Y} = \frac{\text{cov}(X, Y)}{\sigma_X \sigma_Y}$$

通过示例来说明这一点，如下图所示，图中画出了两个向量 a 和 b。假设向量的所有点一起变化，则它们之间是正相关，这种共同变化的趋势或者协方差，可以称为相关性。

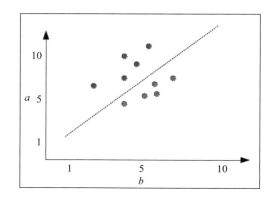

现在看下面的图像,我们观察到向量并不总是一起变化的,对应的点也是随机分布的,所以共同变化的趋势或者协方差比较小,彼此不太相关。

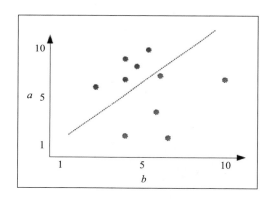

从相似度计算方面讲,我们可以得出两个向量的相关性越大,它们越相似。

那么,皮尔逊相关系数是如何应用到推荐引擎中的呢?

如前所述,考虑一个行表示用户 ID、列表示项目 ID 的评级矩阵,可以假设每一行是用户向量,每一列为项目向量。

把向量带入公式,计算行向量之间的相关系数可以得到用户相似度,计算列向量之间的相关系数可以得到项目相似度。

皮尔逊相关系数的 R 脚本如下:

```
Coef = cor(mtcars, method="pearson")
```

这里,`mtcars` 是数据集。

4.2 数学建模技术

数学模型（像矩阵分解、SVD 等）在推荐引擎的相似度计算上，都表现得非常准确。它们的另一个优势是优化计算，使系统的设计简单化。本章，我们将要学习以下数学模型。

4.2.1 矩阵分解

一个矩阵可以分解为两个低阶矩阵，当这两个矩阵相乘后，将产生一个近似等于原始矩阵的矩阵。

假设 R 是一个 $U \times M$ 的评级矩阵，可以分解为两个低阶矩阵 P 和 Q，大小分别为 $U \times K$ 和 $M \times K$，其中 K 称为矩阵的秩。

在以下示例图中，将 4×4 的原始矩阵分解为两个矩阵 $P(4 \times 2)$ 和 $Q(4 \times 2)$，$P \times Q$ 则可以得到 4×4 的原始大小且值近似等于原始矩阵的矩阵。

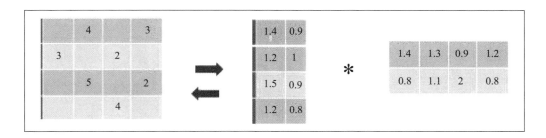

矩阵分解方法的一个主要优点是，我们可以利用低阶矩阵 P 和 Q 之间的点积来计算原始矩阵 R 中的空单元，公式如下：

$$\hat{r}_{ij} = p_i^T q_j = \sum_{k=1}^{k} p_{ik} q_{kj}$$

当使用上述的公式时，我们可以将所有的空项填满，重构原始矩阵 R。

为了使预测值尽可能接近原始矩阵，我们必须尽量减少原始值与预测值之间的差值，即误差。原始值与预测值之间的误差可以通过下式计算得到：

$$e_{ij}^2 = (r_{ij} - \hat{r}_{ij})^2 = (r_{ij} - \sum_{k=1}^{K} p_{ik} q_{kj})^2$$

为了尽量减小上述误差项，尽可能地再现原始矩阵，我们必须采用梯度下降法。该方法是一种求目标函数的最优参数，以迭代方式最大限度地减少函数，并将正则项引入方程的算法。

矩阵分解如何应用于推荐引擎呢？

这才是本节的核心问题，我们更感兴趣的是如何在实际推荐中使用而不是深入讨论矩阵分解的数学问题。下面将介绍如何在推荐引擎中使用矩阵分解技术。

回顾一下前面提到的构建推荐引擎的核心任务是查找相似的用户或项目，然后预测未评级的偏好，并最终实现向活跃用户推荐新的项目。简而言之，我们是在预测未评级的项目偏好。这与前面提到的矩阵分解所要做的：预测原始评级矩阵中的空单元，正好一致。

如何将矩阵分解应用到推荐引擎从而实现降阶呢？下面我们通过研究用户对电影的评级来解释这个问题。用户在对电影进行评级时会考虑很多方面，比如故事情节、演员阵容或者电影的类型等，也就是说，用户因为项目的特征而对其进行评级。当给定一个包含用户 ID、项目 ID 和评级值的评级矩阵时，我们可以假设用户对评级项目会有一些固有的首选项，这些项目也具有帮助用户对其进行评级的固有特征。用户和项目的这些特征称为**潜在特征**。

考虑到前面的假设，我们将矩阵分解技术应用于两个低阶的评级矩阵，它们被假设为用户潜在特征矩阵和项目潜在特征矩阵，如下图所示。

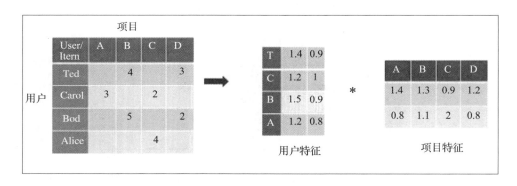

考虑到这些假设，研究人员开始在构建推荐系统的过程中应用矩阵分解技术。矩阵分解方法的优点在于它是一个机器学习模型，支持不间断特征权重训练，从而提高模型准确率。

下面的代码解释了在 R 中使用 NMF 包的矩阵分解实现：

```
#MF
library(recommenderlab)
data("MovieLense")
dim(MovieLense)

#applying MF using NMF
mat  = as(MovieLense,"matrix")
mat[is.na(mat)] = 0
res = nmf(mat,10)
```

```
res

#fitted values
r.hat <- fitted(res)
dim(r.hat)

p <- basis(res)
dim(p)
q <- coef(res)
dim(q)
```

4.2.2 交替最小二乘法

回想上一节中的误差最小化方程。当引入正则项以避免过拟合时,最终的误差项如以下公式所示:

$$\min_{q^*, p^*} \sum_{(u,i) \in K} (r_{ui} - q_i^T p_u)^2 + \lambda (\|q_i\|^2 + \|p_u\|^2)$$

要对上面的方程进行优化,有两种流行的技术:

- **随机梯度下降(SGD)**:这是一种类似于梯度下降的小批量优化技术,通常用于在大规模数据或稀疏数据中寻找最优参数。
- **交替最小二乘法(ALS)**:ALS 与 SGD 相比的主要优点是它可以在分布式平台上轻松并行实现。

在本节中,我们主要研究 ALS 方法。

上述的方程涉及两个未知数,因此是一个非凸问题。如果我们固定一个未知项常数,这个优化问题将成为二次优化问题,可以优化求解。

交替最小二乘法是一种迭代方法,它通过将另一个特征向量固定为常数,利用最小二乘函数计算一个特征向量,直到得到最优解。

为了计算用户特征向量,我们将项目特征向量固定为常数,并求解最小二乘问题。同理,在计算项目特征向量时,我们将用户特征向量固定为常数,并求解最小二乘问题。

通过这种方法,我们能够将一个非凸问题转化为二次问题,从而可以得到最优解。

大多数开源分布式平台,如 Mahout 和 Spark,都使用 ALS 方法来实现可扩展的推荐系统,从而满足并行计算需求。

4.2.3 奇异值分解

奇异值分解(SVD)是另一种非常流行的矩阵分解方法。简而言之,奇异值分解方法将矩阵 A(大小为 $m \times n$)分解为三个矩阵 U、Σ、V,它们满足以下等式:

$$A = U \times \Sigma \times V^T$$
$$(m \times n) \quad (m \times r)(r \times r)(r \times n)$$

其中，U 是 $m \times r$ 矩阵，V 是 $n \times r$ 矩阵，Σ 是 $r \times r$ 矩阵。

在上述方程中，r 称为矩阵 A 的秩，U、V 是正交矩阵，Σ 是包含矩阵 A 的所有奇异值的对角矩阵，如果 A 是实矩阵，则 U 和 V 的值为实数。矩阵 Σ 的值是正实数，并依次递减。

SVD 还可以作为一种降维技术，分为两步：

- 选择一个小于 r 的秩 k。
- 重新计算或缩小 U、Σ、V 矩阵对应尺寸到 $(m \times k)$、$(k \times k)$、$(k \times n)$。

应用奇异值分解得到的矩阵非常适用于推荐系统，因为它们提供了原始矩阵的最佳低阶相似矩阵。如何应用 SVD 方法进行推荐呢？假设一个包含多个空元素的 $m \times n$ 矩阵 R，在进行矩阵分解时，我们的目标是计算一个近似的评级矩阵，并尽可能接近原始矩阵，对缺少的值也完成预测。

在矩阵 R 上进行奇异值分解时会产生三个矩阵 U、Σ、V，大小分别为 $m \times r$、$r \times r$、$r \times n$。这里的 U 表示用户潜在特征向量，V 表示项目潜在特征向量，Σ 表示用户和项目的独立特征 r。通过将独立特征值设置为小于 r 的 k，我们选择 k 个最优的潜在特征，从而减小矩阵的大小。可以使用交叉验证方法选择 k 的值，因为其值定义模型的性能。

> **注意** 选择 k 值的更简单的方法是以降序排列包含奇异值的对角矩阵，选择对角线上比较高的值，并淘汰非常小的对角线值。

在选择了 k 值之后，我们现在对矩阵 U、Σ、V 每个矩阵的前 k 列进行选择或者调整大小。此步骤将使得 U、Σ、V 的大小分别为 $m \times k$、$k \times k$ 和 $k \times n$，请参见下图。在调整矩阵的大小后，我们将前进到最后一步。

在最后一步，我们将计算下面一系列矩阵的点积，以计算近似的评级矩阵 $\hat{A}$，如下图所示。

第一步 $\quad U \otimes \Sigma^{1/2}$
$\quad\quad\quad\quad (m \times k)$

第二步 $\quad \Sigma^{1/2} \otimes V^T$
$\quad\quad\quad\quad (k \times n)$

第三步 $\quad \hat{A} = U \otimes \Sigma^{1/2} \otimes \Sigma^{1/2} \otimes V^T$
$\quad\quad\quad (m \times n) \quad (m \times k) \quad\quad (k \times n)$

下面的代码片段展示了 R 中的 SVD 实现，创建一个示例矩阵，然后应用奇异值分解，在示例数据上使用 R 的基本包中的 svd()，创建三个矩阵，三个矩阵之间的点积将返回我们的近似原始矩阵。

```
sampleMat <- function(n) { i <- 1:n; 1 / outer(i - 1, i, "+") }
original.mat <- sampleMat(9)[, 1:6]
(s <- svd(original.mat))
D <- diag(s$d)
#  X = U D V'
s$u %*% D %*% t(s$v)
```

> **注意** 用 Spark-python 实现 ALS 的内容请参考第 7 章。

4.3 机器学习技术

在本节中，我们将了解广泛用于构建推荐引擎的最重要和最常用的机器学习技术。

4.3.1 线性回归

线性回归可以作为一种较为简单和流行的解决预测问题的重要方法。当给定输入特征且输出标签是一个连续变量，目标是预测未来输出时，一般选用线性回归。

在线性回归中，给定历史输入和输出数据，模型将试图找出独立特征变量与以下方程和图给出的依赖输出变量之间的关系。

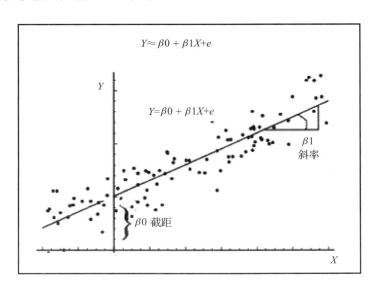

这里，y 表示输出连续相关变量，x 表示独立特征变量，β0 和 β1 是未知变量或特征权重，e 表示误差。

利用**普通最小二乘法**，我们可以估计前一方程中的未知变量。此处不深入探讨，但会具体说明如何将线性回归方法应用到推荐引擎中。

推荐引擎的核心任务之一是为用户预测没有评级过的项目。例如，在基于项目的推荐引擎中，对用户 u 的项目 i 预测是通过计算用户 u 对类似于项目 i 的项目评级总和来完成的，然后每个评级通过其相似度值加权：

$$P_{u,i} = \frac{\sum_{\text{所有相似项},N}(s_{i,N} * R_{u,N})}{\sum_{\text{所有相似项},N}(|s_{i,N}|)}$$

我们可以使用线性回归方法计算用户 u 对项目 i 的偏好值，而不是使用加权平均的方法做预测。当使用线性回归时，可以使用线性回归模型计算的近似评级，而不是使用相似项目的原始评级。例如，要预测用户 u 的项目 i 的评级时，我们可以使用以下公式：

$$\bar{R}'_N = \alpha \bar{R}_i + \beta + \epsilon$$

R 语言的线性回归的代码如下：

```
library(MASS)
data("Boston")
set.seed(0)
which_train <- sample(x = c(TRUE, FALSE), size = nrow(Boston),
                      replace = TRUE, prob = c(0.8, 0.2))
train <- Boston[which_train, ]
test <- Boston[!which_train, ]
lm.fit =lm(medv~. ,data=train )
summary(lm.fit)

Call:
lm(formula = medv ~ ., data = train)

Residuals:
    Min      1Q  Median      3Q     Max
-15.2631 -2.7614 -0.5243  1.7867 24.6306

Coefficients:
             Estimate Std. Error t value Pr(>|t|)
(Intercept)  39.549376   5.814446   6.802 3.82e-11 ***
crim         -0.090720   0.040872  -2.220  0.02701 *
zn            0.050080   0.015307   3.272  0.00116 **
indus         0.032339   0.070343   0.460  0.64596
chas          2.451235   0.992848   2.469  0.01397 *
nox         -18.517205   4.407645  -4.201 3.28e-05 ***
rm            3.480574   0.469970   7.406 7.91e-13 ***
```

```
age            0.012625    0.015786   0.800  0.42434
dis           -1.470081    0.223349  -6.582 1.48e-10 ***
rad            0.322494    0.077050   4.186 3.51e-05 ***
tax           -0.012839    0.004339  -2.959  0.00327 **
ptratio       -0.972700    0.148454  -6.552 1.77e-10 ***
black          0.008399    0.003153   2.663  0.00805 **
lstat         -0.592906    0.058214 -10.185  < 2e-16 ***
---
Signif. codes:  0 '***' 0.001 '**' 0.01 '*' 0.05 '.' 0.1 ' ' 1

Residual standard error: 4.92 on 396 degrees of freedom
Multiple R-squared:  0.7321,    Adjusted R-squared:  0.7233
F-statistic: 83.26 on 13 and 396 DF,  p-value: < 2.2e-16

#predict new values
pred = predict(lm.fit,test[,-14])
```

stats 包中可用的 lm() 函数，通常用于拟合线性回归模型。

4.3.2 分类模型

分类模型属于有监督机器学习范畴。这些模型通常用于预测问题，其响应是二元或多类标签。在本章中，我们将讨论许多类型的分类模型，如逻辑回归、KNN 分类、SVM、决策树、随机森林、bagging 算法和 boosting 算法。分类模型在推荐系统中有着至关重要的作用。虽然分类模型在近邻方法中没有发挥很大的作用，但是它们在构建个性化推荐、情境感知系统和混合推荐系统中有非常重要的作用。此外，我们可以将分类模型应用于推荐的反馈信息，并进一步将其用于计算用户特征权重。

1. 线性分类

逻辑回归是分类模型中最常见的一种。逻辑回归也属于线性分类，因为它与线性回归非常相似，区别在于回归中输出标签是连续的，而在线性分类中输出标签是类变量。在回归中，模型是最小二乘函数，而在逻辑回归中，预测模型是由以下方程给出的 logit 函数：

$$F(x) = \frac{1}{1 + e^{-x}}$$

$$x = \beta_0 + \beta_1 x$$

$$F(x) = \frac{1}{1 + e^{-(\beta_0 + \beta_1 x)}}$$

在前面的方程中，e 是自然对数，x 是输入变量，β_0 是截距，而 β_1 是变量 x 的权重。

我们可以将前一个方程解释为响应变量对输入变量的线性组合的条件概率。logit 函数允许取任何连续变量，并在（0～1）范围内给出响应，如下图所示。

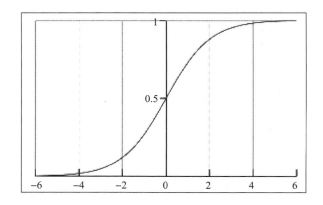

R 语言实现逻辑回归的代码如下：

```
set.seed(1)
x1 = rnorm(1000)            # sample continuous variables
x2 = rnorm(1000)
z = 1 + 4*x1 + 3*x2         # data creation
pr = 1/(1+exp(-z))          # applying logit function
y = rbinom(1000,1,pr)       # bernoulli response variable

  #now feed it to glm:
df = data.frame(y=y,x1=x1,x2=x2)
glm( y~x1+x2,data=df,family="binomial")
```

R 中的 glm() 函数用于拟合广义线性模型，通常用于分类问题。

2. KNN 分类

k 近邻分类通常称为 KNN 分类，是最流行的分类技术之一。KNN 分类的基本概念是算法考虑特定数据点周围的 k 个最近项目，并尝试根据其 k 近邻数据点将该数据点分类为一个输出标签。与其他分类技术如逻辑回归、SVM 或任何其他分类算法不同，KNN 分类是一种非参数模型，不涉及任何参数估计。KNN 中的 k 指的是要考虑的最近邻的数目。

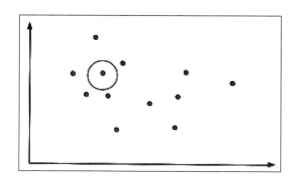

考虑 10 个数据点。我们需要将上图中突出显示的测试数据点分类为两个类之一，即蓝色或橙色。在本示例中，我们使用 KNN 分类对测试数据点进行分类。我们假设 k 是 4，这意味着通过考虑围绕活动数据点的四个数据点，我们需要通过执行以下步骤对其进行分类：

- 作为第一步，我们需要计算从测试数据点到每个点的距离。
- 确定最接近测试数据点的前四个数据点。
- 使用表决机制，将大多数类标签计数分配给测试数据点。

KNN 分类在高非线性问题的情况下表现良好。虽然这种方法在大多数情况下工作表现良好，但这种方法作为一种非参数方法，无法找到特征重要性或权重。

与 KNN 分类相似，有一个 KNN 的回归版本，可以用于预测连续输出标签。

KNN 分类和回归方法都在协同过滤推荐系统中得到了广泛应用。

以下代码片段展示了使用 R 语言进行 KNN 分类，在下面的代码片段中，我们使用 caret 包中可用的 knn3() 来拟合 KNN 分类，并使用 dplyr 包中可用的 sample_n() 来从数据帧中选择随机行。

```
data("iris")
library(dplyr)
iris2 = sample_n(iris, 150)
train = iris2[1:120,]
test = iris2[121:150,]
cl = train$Species
library(caret)
fit <- knn3(Species~., data=train, k=3)
predictions <- predict(fit, test[,-5], type="class")
table(predictions, test$Species)
```

3. 支持向量机

支持向量机（SVM） 算法是一种用于解决分类问题的有监督学习算法。SVM 一般被认为是处理分类问题的最佳算法之一。给定一组训练示例，其中每个数据点都属于两个类别之一，SVM 训练算法构建一个模型，将新的数据点分配到其中一个类别。该模型将样本表示为空间中的点，并进行映射以使得分类的样本被一个尽可能宽的边缘隔开，如下图所示。然后将新的样本映射到同一个空间，并根据它落在分界的哪一边来预测其属于哪个类别。在本节中，我们将简单描述并实现支持向量机，而不讨论其数学细节。

当 SVM 被应用于一个 p 维数据集时。数据会被映射到一个 $p-1$ 维的超平面。算法会找到不同类别间的一个足够宽的边界。与其他的分类算法同时会创建一个分类数据点的分离边界不同，SVM 会尽量选择使得边缘最宽的边界，如图所示。

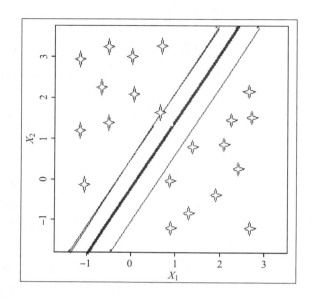

考虑一个具有两个类别的二维数据集，如上图所示。现在，当应用 SVM 算法时，首先它检查是否存在一个映射所有数据点的一维超平面。如果超平面存在，线性分类器会创建一个带边缘的决策边界以分离类。在上图中，较粗的线是决策边界，较细的线是每个类与决策边界之间的边缘。当使用新的测试数据来预测类时，新数据将属于两个类之一。

以下是需要注意的几个要点：

- 虽然可以创建无限多个超平面，SVM 只选择一个具有最大边缘的超平面，即距离训练观测最远的分离超平面。
- 该分类器仅取决于位于超平面边缘的数据点，即图中的细边缘，但不取决于数据集中的其他观测。这些点称为支持向量。
- 决策边界只受支持向量的影响，而不受远离边界的其他观测结果的影响，即如果我们改变支持向量以外的数据点不会对决策边界产生任何影响，但如果支持向量改变，则决策边界会发生变化。
- 在训练数据上有较大边缘将导致测试数据也有较大边缘，以正确地对测试数据进行分类。
- 支持向量机也适用于非线性数据集。在这种情况下，我们使用径向核函数。

下面是用 R 语言在 `iris` 数据集上实现的 SVM。我们使用 e1071 包来运行 SVM。在 R 中，`SVM()` 函数包含了在 e1071 包中支持向量机的实现。

> 注意 在测试未来的未知数据之前，使用交叉验证方法来评估预测模型的准确度。

通过观察可知，SVM 方法与 tune() 方法一起调用，执行交叉验证，并在成本参数的不同值上运行模型：

```
library(e1071)
data(iris)
sample = iris[sample(nrow(iris)),]
train = sample[1:105,]
test = sample[106:150,]
tune =tune(svm,Species~.,data=train,kernel ="radial",scale=FALSE,ranges
=list(cost=c(0.001,0.01,0.1,1,5,10,100)))
tune$best.model

Call:
best.tune(method = svm, train.x = Species ~ ., data = train, ranges =
list(cost = c(0.001,
    0.01, 0.1, 1, 5, 10, 100)), kernel = "radial", scale = FALSE)

Parameters:
   SVM-Type:  C-classification
 SVM-Kernel:  radial
       cost:  10
      gamma:  0.25

Number of Support Vectors:  25

summary(tune)

Parameter tuning of 'svm':
- sampling method: 10-fold cross validation
- best parameters:
 cost
   10
- best performance: 0.02909091
- Detailed performance results:
    cost      error dispersion
1 1e-03 0.72909091 0.20358585
2 1e-02 0.72909091 0.20358585
3 1e-01 0.04636364 0.08891242
4 1e+00 0.04818182 0.06653568
5 5e+00 0.03818182 0.06538717
6 1e+01 0.02909091 0.04690612
7 1e+02 0.07636364 0.08679584

cost =10 is chosen from summary result of tune variable
model =svm(Species~.,data=train,kernel ="radial",cost=10,scale=FALSE)
```

tune$best.model 告诉我们，在成本参数为 10，支持向量的总数为 25 的情况下模型的效果最好：

```
pred = predict(model,test)
```

4．决策树

决策树是一种简单、快速、基于树的用于解决分类问题的监督学习算法。虽然与其他逻辑回归方法相比没有那么准确，但这种算法在处理推荐系统时得心应手。

用一个例子来定义决策树。想象一种情况，你必须根据花的特征，如花瓣长度（petal.length）、花瓣宽度（petal.width）、花萼长度（sepal.length）和花萼宽度（sepal.width）来预测花的类别。我们应用决策树方法来解决这个问题：

1．在算法开始时考虑全部数据。

2．现在选择一个适当的问题／变量将数据分为两部分。在这里，我们选择根据花瓣长度＞2.45 和≤2.45 分来划分数据。这会把 setosa 类和其他类分开。

3．我们进一步划分了花瓣长度＞2.45 的数据，基于相同的变量划分为花瓣长度＜4.5 和≥4.5，如下图所示。

4．数据的这种拆分将通过缩小数据空间来进一步划分，直到我们到达一个点，其中所有的底部点代表响应变量或在数据上无法进行进一步逻辑拆分。

在以下决策树图中，我们有一个根节点、四个数据拆分的内部节点、五个不能进行数据进一步拆分的终端节点，它们的定义如下：

- 花瓣长度＜2.5 作为根节点
- 花瓣长度＜2.5，花瓣长度＜4.85，花萼长度＜5.15，花瓣宽度＜1.75，被称为内部节点
- 具有花的类的最终节点的最终节点被称为终端节点
- 连接节点的线路被称为树的分支

在使用上述模型预测新数据的响应时，每个新数据点都会通过每个节点，提出一个问题，然后采用逻辑路径来达到其逻辑类，如下图所示。

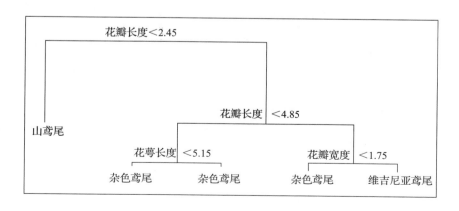

下面是在 R 语言中使用 CRAN 提供的 tree 包，在 iris 数据集上的决策树实现。

下面给出的模式总结告诉我们误分类率为 0.0381，表明模型非常准确：

```
library(tree)
data(iris)
sample = iris[sample(nrow(iris)),]
train = sample[1:105,]
test = sample[106:150,]
model = tree(Species~.,train)
summary(model)
```

```
Classification tree:
tree(formula = Species ~ ., data = train)
Number of terminal nodes:  6
Residual mean deviance:  0.1471 = 14.56 / 99
Misclassification error rate: 0.0381 = 4 / 105
```

下面的代码显示了如何绘制决策树：

```
plot(model) #plot trees
text(model) #apply text
```

以下代码会显示决策树模型：

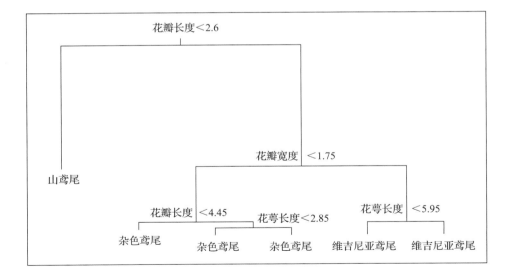

```
pred = predict(model,test[,-5],type="class")
```

以下图像显示使用 pred() 方法得到的预测值：

```
> pred
 [1] versicolor  virginica   versicolor  versicolor  versicolor  setosa      virginica
 [8] setosa      virginica   versicolor  setosa      setosa      setosa      setosa
[15] versicolor  versicolor  versicolor  setosa      versicolor  versicolor  virginica
[22] virginica   virginica   setosa      setosa      versicolor  virginica   versicolor
[29] versicolor  virginica   virginica   virginica   versicolor  virginica   virginica
[36] virginica   versicolor  setosa      virginica   setosa      virginica   versicolor
[43] versicolor  versicolor  setosa
Levels: setosa versicolor virginica
```

5. 集成方法

数据挖掘有时会用到集成方法，即通过使用多种学习算法来获得更好的预测结果，而不是将单一的学习算法应用在所有统计问题上。本节将简单讨论流行的集成方法，如 Bagging、Boosting 和随机森林。

1）随机森林

随机森林是一种监督算法，虽然都是基于相似的方法，但是与引导聚集或 Bagging 方法不同。与 Bagging 中选择使用引导技术生成的 B 样本中的所有变量不同，我们只从每个 B 样本的总变量中随机选择几个预测变量，然后使用这些样本进行训练。预测是通过将每个模型的结果进行平均做出的。每个样本的预测器数量使用公式 $m = \sqrt{p}$ 决定的，其中 p 是原始数据集中的总变量计数。

> **注意** 这种方法消除了数据集中强预测器的依赖条件，因为我们特意使每个迭代选择的变量比所有变量少。
>
> ❑ 这种方法还会去关联变量，从而减少了模型的可变性，提高了可靠性。

下面是在 R 语言中使用 CRAN 提供的 randomForest 包在 iris 数据集上的随机森林实现：

```
library(randomForest)
data(iris)
sample = iris[sample(nrow(iris)),]
train = sample[1:105,]
test = sample[106:150,]
model =randomForest(Species~.,data=train,mtry=2,importance
=TRUE,proximity=TRUE)
```

下图将显示上述随机森林的模型详细信息：

```
> model
Call:
 randomForest(formula = Species ~ ., data = train, mtry = 2, importance = TRUE,    proximity = TRUE)
               Type of random forest: classification
                     Number of trees: 500
No. of variables tried at each split: 2

        OOB estimate of  error rate: 6.67%
Confusion matrix:
           setosa versicolor virginica class.error
setosa         40          0         0  0.00000000
versicolor      0         28         3  0.09677419
virginica       0          4        30  0.11764706
```

```
pred = predict(model,newdata=test[,-5])
```

```
> pred
        96        105        138         99         39         37        149        106         29
versicolor  virginica  virginica versicolor     setosa     setosa  virginica  virginica     setosa
        66         61         70        140         83        126         77         53        102
versicolor versicolor versicolor  virginica versicolor  virginica versicolor versicolor  virginica
       135         82        103         52        146         58         67         19         87
 virginica versicolor  virginica versicolor  virginica versicolor versicolor     setosa versicolor
         5        124         57         42         68        100        145         32          6
    setosa  virginica versicolor     setosa versicolor versicolor  virginica     setosa     setosa
       139         21         86        148        130        108         47         98         73
 virginica     setosa versicolor  virginica  virginica  virginica     setosa versicolor  virginica
Levels: setosa versicolor virginica
```

2）Bagging

Bagging 也称为引导聚集。它旨在提高机器学习算法的稳定性和准确度。它有助于避免过拟合和减少方差。它主要用于决策树。

Bagging 涉及随机生成引导样本、替换随机样本、从数据集训练和单独训练模型。然后通过聚集或平均所有响应变量进行预测。

例如，考虑一个数据集（X_i、Y_i），其中 $i = 1\cdots n$，包含 n 个数据点。以下是在此数据集中执行 Bagging 的步骤：

❑ 使用引导技术从原始数据集随机可替换选择 B 样本。

❑ 然后，分别用回归／分类模型对 B 样本进行训练，并对在回归情况下生成的所有 B 模型的响应进行平均，在分类情况下选择 B 样本中出现最多的类，以在测试集上进行预测。

3）Boosting

与在 Bagging 中创建多个引导样本的备份，为数据集的每个备份拟合一个新模型，再将所有单个模型组合起来以创建单个预测模型情况不同，在 Boosting 中每个新模型使用以前构建模型的信息来构建。Boosting 算法可以被理解为涉及两个步骤的迭代方法：

① 一个新的模型建立在以前的模型的残差而不是响应变量之上。

② 现在，残差是从这个模型计算出来的，并更新到前一步中使用的残差。

前两步会重复多次迭代，以允许每个新模型从以前的错误中学习，从而提高模型的准确度。

下面的代码片段演示了使用 R 进行梯度 Boosting 的过程，R 语言中的 gbm() 包通常用来完成各种回归任务。

```
library(gbm)
data(iris)
sample = iris[sample(nrow(iris)),]
train = sample[1:105,]
test = sample[106:150,]
model = 
gbm(Species~.,data=train,distribution="multinomial",n.trees=5000,interaction.depth=4)
summary(model)
```

```
> summary(model)
                         var     rel.inf
Petal.Length Petal.Length 67.440852
Petal.Width   Petal.Width  24.942084
Sepal.Width   Sepal.Width   7.617065
Sepal.Length Sepal.Length  0.000000
```

下图可以直观地显示模型总结，显示每个特征的相对重要性。

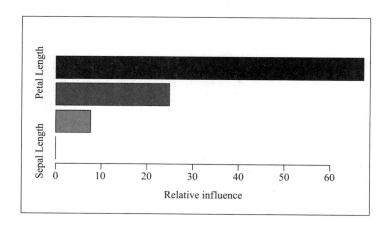

前面的总结陈述了模型变量的相对重要性。

```
pred = predict(model,newdata=test[,-5],n.trees=5000)
```

```
> pred[1:5,,]
       setosa  versicolor  virginica
[1,]  5.647443  -2.951628  -4.964130
[2,] -5.238890  -3.222812   4.295997
[3,] -5.289086   3.447595  -3.277463
[4,] -5.288114   2.690219  -2.389940
[5,] -5.245599  -1.588168   3.026419
```

通过在预测的向量输出上调用 apply(pred,1,which.max)，从结果的 pred 矩阵中选择具有最大概率的响应。

```
p.pred <- apply(pred,1,which.max)
> p.pred
 [1] 1 3 2 2 3 1 1 1 3 1 3 2 2 2 3 2 1 2 1 3 2 3 1 1 2 3 1 2 1 2 2 1 3 3 1 2 1 1 3 2 2 3 2 2
```

在前面的代码片段中，predict() 函数的输出值在 apply() 函数中使用，以在 pred 矩阵中的每行中选择拥有最高概率的响应，其中 apply() 函数的合成输出是对响应变量的预测。

4.4 聚类技术

聚类分析是将对象以一个组中的对象比其他组中的对象更相似的方式分组的过程。

例如，在旅行门户网站上识别和分组具有类似预订活动的客户，如下图所示。

在前面的示例中，每个组称为聚类，聚类的每个成员（数据点）的行为类似于其组内成员：

聚类分析是一种无监督学习方法。在有监督的方法如回归分析中，我们有输入变量和响应变量。我们用输入变量拟合统计模型来预测响应变量，然而在无监督学习方法中，并没有任何要预测的响应变量，只有输入变量。与用输入变量拟合模型来预测响应变量不同，我们只需寻找数据集中的模式。

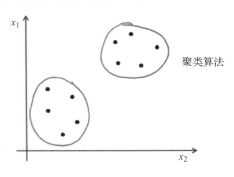

有三种流行的聚类算法：层次聚类分析、k 均值聚类分析和两步聚类分析。在本节中，我们将了解 k 均值聚类。

k 均值聚类

k 均值是一种无监督迭代算法，k 是从数据中要生成的聚类数。聚类分为以下两个步骤：
- 聚类分配步骤：在此步骤中，我们随机选择两个聚类点（红点和绿点），并将每个较接近它的数据点分配给两个聚类点之一（下图顶部）。
- 移动中心步骤：在此步骤中，我们取每个组中所有样本的平均值，并将中心移动到新位置，即计算的平均位置（下图底部）。

重复上述步骤，直到将所有数据点分为两个组，且移动中心步骤结束时数据点的平均值不再更改。

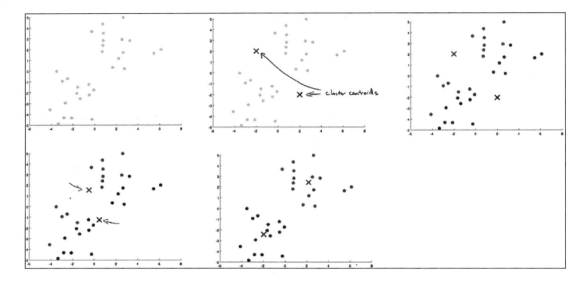

上图显示了一个聚类算法如何处理数据以形成聚类。在 iris 数据集上的 k 均值聚类 R 语言实现如下所示：

```
library(cluster)
data(iris)
iris$Species = as.numeric(iris$Species)
kmeans<- kmeans(x=iris, centers=5)
clusplot(iris,kmeans$cluster, color=TRUE, shade=TRUE,labels=13, lines=0)
```

cluster 包中的 clustplot() 方法可用于绘制 iris 数据集上形成的聚类，如下图所示。

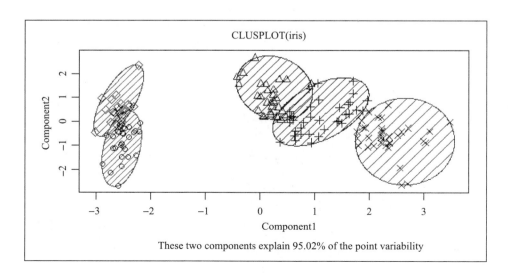

上图显示了 iris 数据上的聚类的形成，其中聚类占数据的 95%。在前面的示例中，使用了肘部法则选择聚类的数目 k。

下面的代码片段解释了 k 均值聚类的实现：

```
library(cluster)
library(ggplot2)
data(iris)
iris$Species = as.numeric(iris$Species)
cost_df <- data.frame()
for(i in 1:100){
kmeans<- kmeans(x=iris, centers=i, iter.max=50)
cost_df<- rbind(cost_df, cbind(i, kmeans$tot.withinss))
}
names(cost_df) <- c("cluster", "cost")
#Elbow method to identify the idle number of Cluster
#Cost plot
ggplot(data=cost_df, aes(x=cluster, y=cost, group=1)) +
theme_bw(base_family="Garamond") +
geom_line(colour = "darkgreen") +
theme(text = element_text(size=20)) +
ggtitle("Reduction In Cost For Values of 'k'\n") +
xlab("\nClusters") + ylab("Within-Cluster Sum of Squares\n")
```

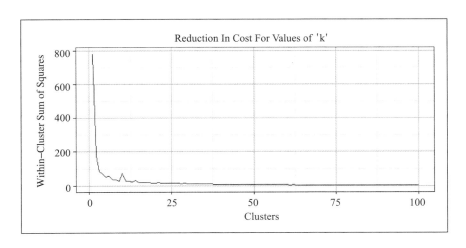

从先前的图中，我们可以观察到，在聚类数为 5 的地方，代价函数的方向发生了变化，因此我们选择 5 作为聚类数，因为在图的肘部找到最优聚类数，我们称之为肘部法则。

4.5 降维

在构建推荐系统时，最常遇到的问题之一是高维稀疏数据。许多时候，我们需要面对的一种情况是：特征繁多但是数据点很少。在这种情况下，当我们用数据集拟合模型时，模型的预测能力会变低。这个场景通常被称为维度诅咒。通常，添加更多的数据点或减少特征空间（也称为降维），会减少维度诅咒的影响。本节我们将主要讨论一个流行的降维技术，称为主成分分析，通过这种方式减少维度诅咒的影响。

主成分分析

主成分分析（PCA） 是一种经典的降维统计技术。PCA 算法将高维空间的数据转换为低维空间。该算法将 m 维输入空间线性变换为 n 维（$n < m$）输出空间，目标是使降低 $m-n$ 维所丢失的信息量 / 方差最小。PCA 允许我们丢弃方差较小的变量 / 特征。

从技术上讲，PCA 使用高度相关变量正交投影到的一组称为主成分的线性不相关变量的值。主成分的数量小于或等于原始变量的数量。这种线性变换定义为，第一主成分具有最大的可能方差，也就是说，它通过考虑高度相关的特征，尽可能多地解释了数据中的可变性，而通过使用与第一个主成分相关性较小的特征（与前面的成分正交），每个后续的成分的方差都最大。

用简单的术语来理解。假设我们有一个三维数据空间，其中两个特征之间的相关性比第三个特征更强。现在，我们希望使用 PCA 将数据降维到二维空间。

第一个主成分的创建方式是这样的：它使用数据中的两个相关变量来解释最大的方差。在下面的图中，第一个主成分（更长的直线）解释数据中大多数方差。要选择第二个主成分，我们需要选择另一条方差最大、不相关、与第一个主成分正交的直线，PCA 的实现和技术细节超出了本书的范围，我们只讨论它在 R 中的使用。

下图解释了主成分分析的空间表示。

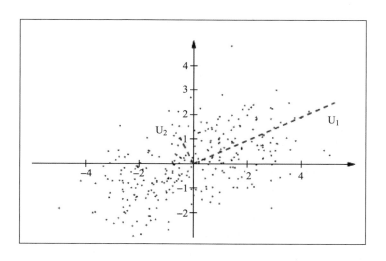

我们使用 USArrests 数据集来演示 PCA。USArrests 数据集包含犯罪相关统计数据，如美国 50 个州每 100 000 位居民的 Assault、Murder、Rape、Urbanpop 指标。

主成分分析的 R 语言实现如下：

```
data(USArrests)
head(states)
[1] "Alabama"    "Alaska"    "Arizona"    "Arkansas"    "California"
"Colorado"

names(USArrests)
[1] "Murder"    "Assault"    "UrbanPop"  "Rape"
```

将 apply() 函数行式应用于 USArrests 数据集，计算方差以查看每个变量的变化情况：

```
apply(USArrests , 2, var)

Murder      Assault     UrbanPop     Rape
18.97047   6945.16571   209.51878    87.72916
```

我们观察到，Assault 的方差最大。需要注意的是，在应用 PCA 时，缩放特征是非常重要的步骤。

在缩放特征后应用 PCA，如下所示：

```
pca =prcomp(USArrests , scale =TRUE)

pca
Standard deviations:
[1] 1.5748783 0.9948694 0.5971291 0.4164494

Rotation:
               PC1         PC2         PC3         PC4
Murder    -0.5358995   0.4181809  -0.3412327   0.64922780
Assault   -0.5831836   0.1879856  -0.2681484  -0.74340748
UrbanPop  -0.2781909  -0.8728062  -0.3780158   0.13387773
Rape      -0.5434321  -0.1673186   0.8177779   0.08902432
```

现在了解 PCA 输出的成分：

```
names(pca)
[1] "sdev"      "rotation"  "center"    "scale"     "x"
```

Pca$rotation 包含主成分加载矩阵，该矩阵解释了每个主成分上每个变量的比例。

接下来了解如何使用散点图来解释 PCA 的结果。散点图用于显示属于两个主成分每个变量的比例。

下面代码会更改散点图的方向。如果不包含后两行，显示的将是下图的镜像。

```
pca$rotation=-pca$rotation
pca$x=-pca$x
biplot (pca , scale =0)
```

下图显示的是数据集的主成分。

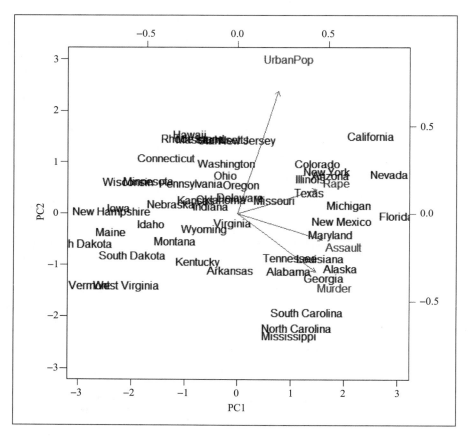

上图就是散点图，可以看到 USArrests 数据集的两个主成分（PC1，PC2）。红色箭头表示加载向量，说明特征空间如何沿主成分向量变化。

从图中观察可知，第一个主成分向量 PC1 在 Rape、Assault 和 Murder 三个特征上的比重相差无几。这意味着这三个特征之间的相关性要大于各自与 UrbanPop 特征的相关性。第二个主成分 PC2 在 UrbanPop 上的比重更高，也说明其与另外三个特征之间的相关性更小一些。

4.6 向量空间模型

向量空间模型是文本分析中最常用的代数模型,用于在表示文本文档时,将词作为向量。这种方式在信息检索应用中得到了广泛使用。在文本分析中,我们想找出两个句子之间的相似度,应该如何做呢?我们知道,要计算相似度,数据应该全部是数值。但是文档数据通常都是单词而不是数值。向量空间模型允许我们用数值形式表示句子中的单词,这样就可以应用任何相似度度量(如余弦相似度)来计算相似度了。

这种用数值表示词进而表示文本的方法可以通过两种流行方式完成:
- 词频
- 词频—逆文档频率

下面举个例子说明上面提到的方法:
- 第一句:THE CAT CHASES RAT
- 第二句:THE DOG CHASES CAT
- 第三句:THE MAN WALKS ON MAT

对于这三个句子,我们的目标是要找到句子之间的相似度。很明显我们不能将余弦相似度等相似度度量直接应用在句子上,所以现在学习如何用数值形式表示句子。

> **注意** 作为一个通用符号,向量空间模型中的每个句子都称为**文档**。

4.6.1 词频

词频是指文档中单词的频率。通过执行以下步骤可以找到频率:

第一步,找到所有文档中的唯一关键词,用 V 表示:

V = {THE, CAT, CHASES, RAT, DOG, MAN, WALKS, ON, MAT}

第二步,为每个文档创建向量,如下所示:

$D1$ = {THE, CAT, CHASES, RAT}
$D2$ = {THE, DOG, CHASES, CAT}
$D3$ = {THE, MAN, WALKS, ON, MAT}

第三步,统计文档中每个词的词频:

$D1$ = {(THE, 1), (CAT, 1), (CHASES, 1), (RAT, 1)}
$D2$ = {(THE, 1), (DOG, 1), (CHASES, 1), (CAT, 1)}
$D3$ = {(THE, 1), (MAN, 1), (WALKS, 1), (ON, 1), (MAT, 1)}

第四步,创建词–文档矩阵,文档 ID 作为行,唯一词作为列,词频为单元值,如下所示:

	THE	CAT	CHASES	RAT	DOG	MAN	WALKS	ON	MAT
D1	1	1	1	1	0	0	0	0	0
D2	1	1	1	0	1	0	0	0	0
D3	1	0	0	0	0	1	1	1	1

观察这张表，不难发现，填上 1 的地方表示词在该句子中出现过，填 0 的地方表示没有出现过。

不难发现，我们已经使用词频将每个文档用数字矩阵的形式表示了出来。

现在，在词频—文档矩阵（TDM）中，我们可以直接应用相似度度量（如余弦相似度）。

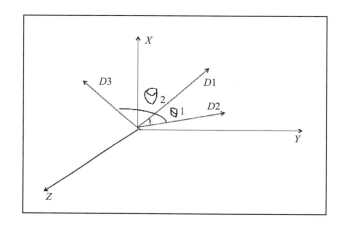

通过上图，我们很清楚地看出 $D1$ 与 $D2$ 之间的夹角小于 $D1$ 与 $D3$ 之间的，所以得出结论，相比于与 $D3$，$D1$ 与 $D2$ 相似度更高。

4.6.2 词频 - 逆文档频率

最早被熟悉的方法是词袋方法。这种方法需要找到每个文档中词的频率，并用 TDM 数值化表示。但是这种方法有它固有的缺陷。当一个词出现的频率很高时，会觉得这个词很重要，当一个词出现频率很低时，则会觉得这个词不重要。在这里重要的是要理解，一个在大部分文档集中出现过的高频词，不会成为识别特定文档的一个独特点。同样，一个文档中的高频词在整个文档集中，频度较低，但也会成为识别特定文档的独特点。这种需将高频词的权重调低、把低频词的权重调高的情况，可以使用词频 - 逆文档频率（TF-IDF）实现。

TF-IDF 可以用文档词频和词逆文档频率计算乘积得出：

$$\text{TF-IDF} = \text{TF} \times \text{IDF}$$

这里 IDF 的定义如下：

$$\text{IDF} = \log(D/(1+n(d,t)))$$

D 是全部文档集总数，$n(d,t)$ 是词 t 在所有文档中出现的次数。

下面用 TF-IDF 为前面的文档集（$D1$、$D2$、$D3$）计算 TDM：

1. 使用 TDM 为每个文档的词计算词频。如同我们在关于 TF 的章节里面的操作一样，如下表所示。

	THE	CAT	CHASES	RAT	DOG	MAN	WALKS	ON	MAT
D1	1	1	1	1	0	0	0	0	0
D2	1	1	1	0	1	0	0	0	0
D3	1	0	0	0	0	1	1	1	1

2. 在此步骤中，我们需要计算**文档频率（DF）**，DF 是指词在所有文档集中出现的次数。举个例子，计算 "THE" 的 DF 时，这个词在 3 个文档中都出现过，它的 DF 值是 3，相同的方法可以得到 "CAT" 的 DF 值是 2，如下表所示。

DF	3	2	2	1	1	1	1	1	1

3. 接下来，用前面提到的 IDF 公式，计算逆文档频率（IDF）。
- 词 "THE" 的 IDF 为：IDF(THE) = log(3/(1+3)) = −0.12494

IDF	−0.12494	0	0	0.477121	0.477121	0.477121	0.477121	0.477121	0.477121

4. 为整个文档集的每个词，通过求 TF 与 IDF 的乘积，计算出它们的 TF-IDF，如下：
- 举个例子，对于 D1 中的词 "RAT"，其 TF-IDF 为 $1 \times 0.4777121 = 0.4777121$，如下表所示。

	THE	CAT	CHASES	RAT	DOG	MAN	WALKS	ON	MAT
D1	−0.12494	0	0	0.477121	0	0	0	0	0
D2	−0.12494	0	0	0	0.477121	0	0	0	0
D3	−0.12494	0	0	0	0	0.477121	0.477121	0.477121	0.477121

现在，我们已经计算出 TF-IDF，比较先前基于 TF-DF 计算的 TDM 和基于 TF 计算的 TDM，不难发现，最大的不同在 TDM 中的每个词的权重。高频词比低频词在文档集中的权重低。

现在，在基于 TF-IDF 表示的 TDM 的基础上，我们可以直接应用相似度指标。

本节中，我们了解了在文本分析中常用到向量空间模型、TF 和 TF-IDF 的概念。接下来的问题是，如何将这些技术应用在推荐引擎中呢？

很多时候在构建基于内容的推荐引擎时，我们都会使用用户偏好数据，这些数据通常是文本形式或者文本形式的特征描述，在这种情况下，我们可用上面提到的技术将文本数据转化为数值向量。

有时在构建个性化的基于内容的推荐引擎时，我们需要找到项目特征中的特征重要性或者特征权重。在这种情况下，向量空间模型概念非常有用。

下面的代码展示了如何在 R 语言中计算 tfidf，我们分别使用 TermDocumentMatrix() 和 weightTFidf() 两个方法计算词-文档矩阵和 tfidf，这两个方法可以在 R 的 tm 包中获得。使用 inspect() 方法可以获得结果：

```
library(tm)
data(crude)
tdm <- TermDocumentMatrix(crude,control=list(weighting =   function(x)
weightTfIdf(x, normalize =TRUE), stopwords = TRUE))
inspect(tdm)
```

以下截图只显示了巨大的词频文档计算结果中的一小部分：

```
"for      0.000000000 0.000000000 0.000000000 0.000000000 0.000000000 0.000000000 0.000000000
"growth   0.000000000 0.000000000 0.000000000 0.000000000 0.000000000 0.000000000 0.000000000
"if       0.000000000 0.000000000 0.000000000 0.000000000 0.000000000 0.000000000 0.000000000
"is       0.000000000 0.000000000 0.015238202 0.000000000 0.000000000 0.046137890 0.000000000
"may      0.000000000 0.000000000 0.019825358 0.000000000 0.000000000 0.000000000 0.000000000
"none     0.000000000 0.000000000 0.000000000 0.000000000 0.000000000 0.000000000 0.054457838
"opec     0.000000000 0.000000000 0.000000000 0.000000000 0.000000000 0.000000000 0.000000000
"opec's   0.000000000 0.000000000 0.000000000 0.000000000 0.000000000 0.000000000 0.000000000
"our      0.000000000 0.021082576 0.000000000 0.000000000 0.000000000 0.000000000 0.000000000
"the      0.000000000 0.000000000 0.000000000 0.000000000 0.000000000 0.000000000 0.000000000
"there    0.000000000 0.000000000 0.000000000 0.000000000 0.000000000 0.000000000 0.000000000
"they     0.000000000 0.000000000 0.000000000 0.000000000 0.000000000 0.000000000 0.000000000
"this     0.000000000 0.000000000 0.000000000 0.000000000 0.000000000 0.000000000 0.000000000
```

4.7　评估技术

在前面的部分中，我们已经认识了各种应用于推荐系统中的数据挖掘技术。本节将学习如何评估使用数据挖掘技术构建的模型。任何数据分析模型的最终目标都是要很好地应用在未来的数据上，这就促使我们在构建模型时要考虑到其效率和健壮性。

当评估一个模型时，需要考虑以下几个要点：

❏ 模型是否过拟合或欠拟合
❏ 模型拟合未来的数据或测试数据的情况

欠拟合，也称为偏差，它是一种即使在训练集上模型也表现不好的情况。这意味着，我们给数据拟合了一个不健壮的模型。例如，用线性模型拟合呈非线性分布的数据就是如此。从下图可知，数据是非线性分布的。假设用线性模型（橙色线）拟合数据，在这种情况下，在构建模型时，其预测能力将很低。

过拟合是一种模型在训练数据上表现良好，但在测试数据表现很糟糕的情况。这种情况通常是模型在记忆数据模式而不是从数据中学习。例如，数据是非线性分布的，并拟合了一个复杂的模型（绿色线）。在这种情况下，我们观察到模型拟合得非常接近数据分布，小心地沿着数据分布描绘。但将该模型应用在未知数据上时很可能会失败。

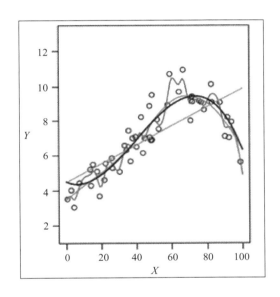

上图显示了简单、复杂和适当的模型与训练数据拟合的情况。绿色线代表过拟合，橙色线代表欠拟合，黑色和蓝色线代表适当的模型，它是欠拟合和过拟合的折中。

可以采用交叉验证、正则化、剪枝、模型比较、ROC 曲线、混淆矩阵等方法对任何拟合的模型进行评估，以避免出现上述的情况。

4.7.1 交叉验证

这是几乎所有模型都适用的模型评估热门技术。在这个技术中，我们将原始数据分成多个训练数据集和测试数据集的折/集合（假设 5 个）。在每个折的迭代中，使用训练数据集建立模型，并使用测试数据集进行评估。这个过程在所有的折中重复。每次迭代都计算测试误差。然后计算平均测试误差，以在所有迭代结束时总结模型准确率。

第 5 章将介绍交叉验证的具体实现。

4.7.2 正则化

在这种技术里,数据变量被惩罚以降低模型的复杂性,目标是最小化成本函数。有两种常用的正则化技术:岭回归(Ridge Regression)和套索回归(Lasso Regression)。在这两种技术中,我们试图将变量系数减少到零,这样少量的变量将以最佳方式拟合模型。

推荐引擎常用的评估指标如下:

- 均方根误差(RMSE)
- 平均绝对误差(MAE)
- 精确率和召回率

1. 均方根误差

均方根误差是最流行的、常用的、简单的测量模型准确率的度量之一。它通常是指实际值和预测值之间的区别。根据定义,它是均方误差的平方根,由以下公式给出:

$$\text{RMSE} = \sqrt{\frac{\sum_{i=1}^{n}(X_{\text{act}} - X_{\text{pred}})^2}{n}}$$

在这里,X_{act} 指观察到的值,X_{pred} 指预测值。

RMSE 如何应用于推荐引擎?

推荐引擎的核心任务之一是预测特定用户对未评级项的偏好值。我们使用前面介绍的一些方法来预测这些未评级项的偏好值。考虑下面用于搭建推荐模型的评级矩阵。假设推荐引擎模型对下面的所有空单元格进行了预测,并用 r hat 表示,再假设我们知道这些预测空单元格的实际值,并把它们表示为 r,如下图所示。

User/Item	A	B	C	D
Ted		4		3
Carol	3		2	
Bod		5		2
Alice			4	

现在可以在前面的方程中使用 r hat 和 r 的值来计算推荐引擎模型预测的准确率。

2. 平均绝对误差

另一种热门的数据挖掘模型评估方法是平均绝对误差(MAE)。此评估指标与

RMSE 非常相似，由下面公式给出：

$$\text{MAE} = \frac{1}{n} \sum_{i=1}^{n} |x_i - y_i|$$

这是一种较为简单的评估度量，计算预测值和实际值之间的平均误差。也是推荐引擎中常用的一种评估模型的方法。

3. 精确率和召回率

在生产环境中部署推荐引擎之后，我们只关心推荐引擎的推荐是否被用户接受。我们如何根据模型是否生成有价值的推荐来衡量推荐引擎的有效性？为此，可以借鉴精确率和召回率评估技术，它也是一种评估分类模型的流行技术。前面关于推荐系统是否对用户有用的讨论，可以被看作分类模型的二分类标签，然后就可以计算精确率和召回率。

为了理解精确率和召回率，我们还要了解一些与精确率和召回率相关的度量，如真正、真负、假正和假负。

为了构建如下的混淆矩阵，使用一个在线新闻推荐网站的例子，该网站包含 50 个网页。

假设我们已向其中的用户 A 生成了 35 条推荐，A 已点击了 25 个网页推荐项，有 10 个网页推荐项未点击。现在，使用这些信息，创建一个点击次数的表，如下表所示。

- 在左上方的列中，输入 A 已点击的推荐链接的计数
- 在右上方的列中，输入 A 未点击的推荐链接的计数
- 在左下方的列中，输入 A 已点击但未推荐的链接计数
- 在右下方的列中，输入 A 未点击且未推荐的链接计数

		Preferred	
		TRUE	FALSE
Recommended	POSITIVE	25	10
	NEGATIVE	5	10

- 左上方的计数称为**真正（TF）**，它表示实际结果为正，并且模型预测也为正的统计结果。
- 右上角的计数称为**假正（FP）**，它表示实际结果为负，但模型预测为正的统计结果，换句话说，是**误报**。

❑ 左下角的计数被称为**假负（FN）**，它表示实际结果为正，但模型预测为负的统计结果，或称为**漏报**。
❑ 右下方的计数被称为**真负（TN）**，它表示实际结果为负，并且模型预测为负的统计结果。

请看下面的表格。

		ACTUAL	
		TRUE	FALSE
PREDICTED	POSITIVE	TRUE POSITIVE	FALSE POSITIVE
	NEGATIVE	FALSE NEGATIVE	TRUE NEGATIVE

使用上述信息，计算精确率和召回率指标，如下所示：

$$精确率 = \frac{\#tp}{\#tp + \#fp}$$

$$召回率（真正率）= \frac{\#tp}{\#tp + \#fn}$$

精确率由真正除以真正与假正之和计算得出。精确率表示推荐中有用推荐的百分比。召回率由真正除以真正与假负之和计算得出。召回率表示总推荐中有用推荐的百分比。在评估推荐模型时，通常同时需要精确率和召回率。

有时我们会比较在意生成精确率较高的推荐，有时会在意生成召回率较高的推荐。但是，这两个指标如果关注改进其中一个，则另一个就会降低。我们需要根据我们的需求在精确率和召回率之间选择最佳平衡。第 5 章将介绍精确率和召回率的实现。

4.8 本章小结

本章主要介绍了在构建推荐引擎时经常使用的各种数据挖掘步骤。首先探讨相似度计算，如欧氏距离，其次是数学模型，如矩阵分解技术。然后介绍了有监督和无监督的机器学习技术，如回归、分类、聚类技术和降维技术。在本章的最后部分，我们介绍了在推荐引擎里涉及的自然语言处理中的信息检索方法，如向量空间模型。最后通过介绍热门的评估指标结束了本章的学习。到目前为止，我们已经介绍了构建推荐引擎所需的理论背景。第 5 章我们将学习在 R 和 Python 中构建协同过滤推荐引擎。

第 5 章

构建协同过滤推荐引擎

本章中,我们将了解如何使用常用的数据分析编程语言 R 和 Python 实现协同过滤推荐系统。也会学习如何在 R 和 Python 编程语言中实现基于用户的协同过滤和基于项目的协同过滤。

本章内容如下:
- 本章使用的 Jester5k 数据集
- 探索数据集和理解数据
- R 和 Python 中提供的推荐引擎包 / 库
- 使用 R 语言构建基于用户的协同过滤
- 使用 R 语言构建基于项目的协同过滤
- 使用 Python 构建基于用户的协同过滤
- 使用 Python 构建基于项目的协同过滤
- 评估模型

recommenderlab 是一个开发和测试推荐算法的框架,包括基于用户的协同过滤、基于项目的协同过滤、SVD 和相关的基于规则的算法,这些算法用于构建推荐引擎。这个包还提供了基本的扩展接口和机制以支持用户实现个性化的推荐引擎开发。

5.1 在 RStudio 上安装 recommenderlab

以下代码片段将 recommenderlab 包安装到 RStudio 中:

```
if(!"recommenderlab" %in% rownames(installed.packages())){
install.packages("recommenderlab")}
```

首先，R 环境检查是否有任何以前安装的 recommenderlab 包，如果没有找到，则按照下列步骤安装：

```
Loading required package: recommenderlab
Error in .requirePackage(package) :
  unable to find required package 'recommenderlab'
In addition: Warning message:
In library(package, lib.loc = lib.loc, character.only = TRUE,
logical.return = TRUE,  :
  there is no package called 'recommenderlab'
Loading required package: recommenderlab
install.packages("recommenderlab")
Installing package into 'path to installation folder/R/win-library/3.2'
(as 'lib' is unspecified)
trying URL
'https://cran.rstudio.com/bin/windows/contrib/3.2/recommenderlab_0.2-0.zip'
Content type 'application/zip' length 1405353 bytes (1.3 MB)
downloaded 1.3 MB
package 'recommenderlab' successfully unpacked and MD5 sums checked
```

下列代码使用 library() 方法将 recommenderlab 包加载到 R 环境中：

```
library(recommenderlab)

Loading required package: Matrix
Loading required package: arules

Attaching package: 'arules'

The following objects are masked from 'package:base':

    abbreviate, write

Loading required package: proxy

Attaching package: 'proxy'

The following object is masked from 'package:Matrix':

    as.matrix

The following objects are masked from 'package:stats':

    as.dist, dist

The following object is masked from 'package:base':
```

```
    as.matrix

Loading required package: registry
```

可以使用 help 函数获取 recommenderlab 包内的帮助信息，在 RStudio 中运行以下命令：

```
help(package = "recommenderlab")
```

通过提供的链接，查看程序包使用情况的帮助页面，如下图所示。

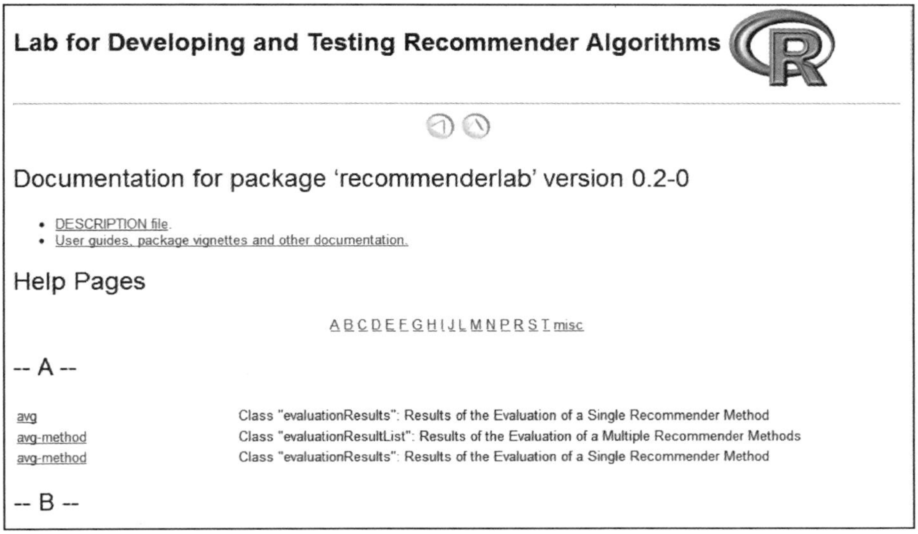

![Lab for Developing and Testing Recommender Algorithms - Documentation for package 'recommenderlab' version 0.2-0](help_page.png)

5.2 recommenderlab 包中可用的数据集

与 R 中的其他包一样，recommenderlab 也带有默认数据集。运行以下命令显示可用的包：

```
data_package <- data(package = "recommenderlab")
data_package$results[,c("Item","Title")]
```

Item	Title
Jester5k	Jester dataset (5k sample)
JesterJokes (Jester5k)	Jester dataset (5k sample)
MSWeb	Anonymous web data from www.microsoft.com
MovieLense	MovieLense Dataset (100k)
MovieLenseMeta (MovieLense)	MovieLense Dataset (100k)

在所有可用数据集之中，我们选择使用 R 语言和 Jester5k 数据集来实现基于用户的协同过滤和基于项目的协同过滤的推荐引擎。

探索 Jester5k 数据集

下面，我们将探讨 Jester5k 数据集。

1. 描述

该数据集包含来自 Jester Online Joke Recommender System 的 5 000 个用户的匿名评分数据，于 1999 年 4 月至 2003 年 5 月期间收集。

2. 用法

```
data(Jester5k)
```

3. 格式

Jester5k 的格式是：Formal class 'realratingmatrix' [package "recommenderlab"]。

Jesterjokes 的格式是字符串向量。

4. 详情

Jester5k 包含一个 5 000 × 100 的评级矩阵（5 000 个用户和 100 个笑话），评级在 −10 ～ +10 之间。所有选择的用户都评级过 36 个或更多的笑话。

数据还在 Jesterjokes 中包含了实际笑话。

实际评级矩阵中存在的评级数量表示如下：

```
nratings(Jester5k)

[1] 362106

Jester5k
5000 x 100 rating matrix of class 'realRatingMatrix' with 362106 ratings.
```

你可以通过运行以下命令来显示评级矩阵的类别：

```
class(Jester5k)
[1] "realRatingMatrix"
attr(,"package")
[1] "recommenderlab"
```

recommenderlab 包使用紧凑的方式高效存储了评级信息。

通常，评级矩阵是稀疏矩阵。因此，realRatingMatrix 类支持稀疏矩阵的紧凑存储。

将 Jester5k 与对应的 R 矩阵的大小进行比较，以了解实际评级矩阵的优势，如下所示：

```
object.size(Jester5k)
4633560 bytes
#convert the real-rating matrix into R matrix
object.size(as(Jester5k,"matrix"))
4286048 bytes
object.size(as(Jester5k, "matrix"))/object.size(Jester5k)
0.925001079083901 bytes
```

我们发现，实际评级矩阵比 R 矩阵的存储空间少 0.92 倍。由于协同过滤方法是基于内存的模型，在生成推荐时需要将所有数据加载到内存中，因此高效地存储数据就非常重要了。recommenderlab 包有效地完成了这项工作。

recommenderlab 包公开了许多可以对评级矩阵对象进行操作的函数。运行以下命令以查看可用的方法：

```
methods(class = class(Jester5k))
```

[	dimnames<-	Recommender
binarize	dissimilarity	removeKnownRatings
calcPredictionAccuracy	evaluationScheme	rowCounts
calcPredictionAccuracy	getData.frame	rowMeans
colCounts	getList	rowSds
colMeans	getNormalize	rowSums
colSds	getRatings	sample
colSums	getTopNLists	show
denormalize	image	similarity
dim	normalize	
dimnames	nratings	

运行以下命令以查看 recommenderlab 包中可用的推荐算法：

```
names(recommender_models)
```

Models
IBCF_realRatingMatrix
RERECOMMEND_realRatingMatrix
UBCF_realRatingMatrix
POPULAR_realRatingMatrix
RANDOM_realRatingMatrix
SVD_realRatingMatrix
SVDF_realRatingMatrix

以下代码片段显示与前面的图片相同的结果，lapply() 函数将函数应用于列表内的所有元素，在本章案例中，对于 recommender_models 对象中的每个项目，lapply 会提取描述并显示结果：

```
lapply(recommender_models, "[[", "description")
$IBCF_realRatingMatrix
[1] "Recommender based on item-based collaborative filtering (real data)."

$POPULAR_realRatingMatrix
[1] "Recommender based on item popularity (real data)."

$RANDOM_realRatingMatrix
[1] "Produce random recommendations (real ratings)."

$RERECOMMEND_realRatingMatrix
[1] "Re-recommends highly rated items (real ratings)."

$SVD_realRatingMatrix
[1] "Recommender based on SVD approximation with column-mean imputation (real data)."

$SVDF_realRatingMatrix
[1] "Recommender based on Funk SVD with gradient descend (real data)."

$UBCF_realRatingMatrix
[1] "Recommender based on user-based collaborative filtering (real data)."
```

5.3 探讨数据集

在本节中，我们将会更详细地探讨数据。可以运行以下面的命令来发现数据的维度和数据类型，其中有 5000 个用户和 100 个项目：

```
dim(Jester5k)
```

```
[1] 5000  100
```

数据是 R 矩阵：

```
class(Jester5k@data)

[1] "dgCMatrix"
attr(,"package")
[1] "Matrix"
```

探讨评级值

以下代码片段将帮助我们了解评级值的分布：

```
hist(getRatings(Jester5k), main="Distribution of ratings")
```

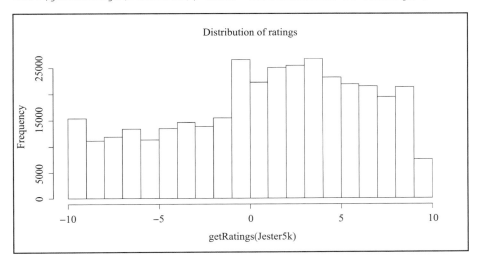

前面的图像显示了 Jester5k 数据集中可用的评级频率。通过观察该数据集，我们可以得出，负评级大致为均匀分布或出现频率相同，正评级出现的频率较高，趋势为向图的右侧下降。这是由于用户给出的评级的偏差导致的。

5.4 使用 recommenderlab 构建基于用户的协同过滤

运行以下代码，以将 recommenderlab 库和数据加载到 R 环境：

```
library(recommenderlab)
data("Jester5k")
```

查看前 6 个用户对前 10 个笑话的评级数据，运行以下命令：

```
head(as(Jester5k,"matrix")[,1:10])
```

```
          j1    j2    j3    j4    j5    j6    j7    j8    j9   j10
u2841   7.91  9.17  5.34  8.16 -8.74  7.14  8.88 -8.25  5.87  6.21
u15547 -3.20 -3.50 -9.56 -8.74 -6.36 -3.30  0.78  2.18 -8.40 -8.79
u15221 -1.70  1.21  1.55  2.77  5.58  3.06  2.72 -4.66  4.51 -3.06
u15573 -7.38 -8.93 -3.88 -7.23 -4.90  4.13  2.57  3.83  4.37  3.16
u21505  0.10  4.17  4.90  1.55  5.53  1.50 -3.79  1.94  3.59  4.81
u15994  0.83 -4.90  0.68 -7.18  0.34 -4.32 -6.17  6.12 -5.58  5.44
```

我们在前一节中研究了数据，现直接开始构建一个基于用户的协同推荐系统。

本节分为以下内容：
- 通过将数据分成 80% 的训练数据和 20% 的测试数据来构建一个基本的推荐模型
- 使用 k 折交叉验证评估推荐模型
- 调整推荐模型的参数

5.4.1 准备训练数据和测试数据

为了构建和评估推荐模型，我们需要训练数据和测试数据。运行以下命令以创建它们。为了生成可重写的结果，我们使用 seed() 函数。

```
set.seed(1)
which_train <- sample(x = c(TRUE, FALSE), size = nrow(Jester5k),replace = TRUE, prob = c(0.8, 0.2))
head(which_train)
[1]  TRUE  TRUE  TRUE  TRUE FALSE  TRUE
```

前面的代码创建一个与用户数量长度相同的逻辑对象。真索引将是训练集的一部分，假索引将是测试集的一部分。

```
rec_data_train <- Jester5k[which_train, ]
rec_data_test <- Jester5k[!which_train, ]

dim(rec_data_train)
[1] 4004  100

dim(rec_data_test)
[1] 996 100
```

5.4.2 创建一个基于用户的协同模型

现在，可以在 Jester5k 的整个数据上创建一个推荐模型。在此之前，先来认识一下 recommenderlab 包中可用的推荐模型及其参数：

```
recommender_models <- recommenderRegistry$get_entries(dataType = "realRatingMatrix")

recommender_models
```

```
$IBCF_realRatingMatrix
Recommender method: IBCF
Description: Recommender based on item-based collaborative
filtering (real data).
Parameters:
   k method normalize normalize_sim_matrix alpha na_as_zero
1 30 Cosine    center                FALSE   0.5       FALSE
```

```
$POPULAR_realRatingMatrix
Recommender method: POPULAR
Description: Recommender based on item popularity (real data).
Parameters:
  normalize aggregationRatings aggregationPopularity
1   center          <function>              <function>

$RANDOM_realRatingMatrix
Recommender method: RANDOM
Description: Produce random recommendations (real ratings).
Parameters: None

$RERECOMMEND_realRatingMatrix
Recommender method: RERECOMMEND
Description: Re-recommends highly rated items (real ratings).
Parameters:
  randomize minRating
1    1          NA

$SVD_realRatingMatrix
Recommender method: SVD
Description: Recommender based on SVD approximation with column-
mean imputation (real data).
Parameters:
   k maxiter normalize
1 10   100     center

$SVDF_realRatingMatrix
Recommender method: SVDF
Description: Recommender based on Funk SVD with gradient descend
(real data).
Parameters:
   k gamma lambda min_epochs max_epochs min_improvement normalize
verbose
1 10 0.015 0.001        50         200         1e-06         center
FALSE

$UBCF_realRatingMatrix
Recommender method: UBCF
Description: Recommender based on user-based collaborative
filtering (real data).
Parameters:
  method nn sample normalize
1 cosine 25 FALSE   center
```

上图展示了 6 种可用的不同推荐模型及其参数。

运行以下代码以构建基于用户的协同过滤模型：

```
recc_model <- Recommender(data = rec_data_train, method = "UBCF")
recc_model

Recommender of type 'UBCF' for 'realRatingMatrix'
learned using 4004 users.
recc_model@model$data

4004 x 100 rating matrix of class 'realRatingMatrix' with 289640 ratings.
Normalized using center on rows.
```

`recc_model@model$data` 对象包含评级矩阵。其原因是 UBCF 是一种惰性学习技术，这意味着它需要访问所有的数据来执行预测。

5.4.3 在测试集上进行预测

当推荐模型构建完成后，就可以在测试数据集上进行测试。可以调用函数库中的 `predict()` 函数为每位用户生成 10 条推荐。见如下代码：

```
n_recommended <- 10
recc_predicted <- predict(object = recc_model,newdata = rec_data_test, n = n_recommended)
recc_predicted
Recommendations as 'topNList' with n = 10 for 996 users.

#Let's define list of predicted recommendations:
rec_list <- sapply(recc_predicted@items, function(x){
  colnames(Jester5k)[x]
})
```

运行以下代码得到列表类型的结果对象：

```
class(rec_list)
[1] "list"
```

前两项推荐给出如下：

```
rec_list [1:2]
$u21505
 [1] "j81"  "j73"  "j83"  "j75"  "j100" "j80"  "j72"  "j95"  "j87"  "j96"

$u5809
 [1] "j97"  "j93"  "j76"  "j78"  "j77"  "j85"  "j89"  "j98"  "j91"  "j80"
```

我们可以观察到，对于用户 u21505，给出的前 10 条推荐为 j81、j73、j83…j96。下图展示了对四个用户的推荐。

Users	Recommended Jokes									
u21505	"j81"	"j73"	"j83"	"j75"	"j100"	"j80"	"j72"	"j95"	"j87"	"j96"
u5809	"j97"	"j93"	"j76"	"j78"	"j77"	"j85"	"j89"	"j98"	"j91"	"j80"
u12519	"j98"	"j100"	"j80"	"j93"	"j99"	"j87"	"j76"	"j89"	"j84"	"j96"
u12094	"j89"	"j96"	"j78"	"j94"	"j88"	"j86"	"j87"	"j93"	"j91"	"j99"

通过运行以下代码，看看为所有测试用户生成了多少推荐：

```
number_of_items = sort(unlist(lapply(rec_list, length)),decreasing = TRUE)
table(number_of_items)

 0   1   2   3   4   5   6   7   8   9  10
286   3   2   3   3   1   1   1   2   3 691
```

从以上结果来看，对 286 个用户生成了 0 个推荐。原因是他们对原始数据集中所有的笑话已经进行过评级。对 691 个用户生成的评级为 10 个，原因是在原始数据集中他们没有对任何笑话进行过评级。收到 2 条、3 条、4 条等推荐的用户表示他们只对很少的笑话有过评级。

5.4.4 分析数据集

在评估模型之前，我们先回顾和分析一下数据。通过分析所有用户对笑话给出的评级数量，可以观察到，有 1 422 人评级了所有的笑话，这似乎不太寻常，因为评级了 80 到 99 个笑话的人很少。进一步分析数据发现，有 221 位用户评级了 71 个笑话，364 位用户评级了 72 个笑话，312 位用户评级了 73 个笑话，131 位用户评级了 74 个笑话，与其他笑话评级相比，这些似乎很不寻常。

运行以下代码以提取每个笑话的评级数：

```
table(rowCounts(Jester5k))
```

36	37	38	39	40	41	42	43	44	45	46	47	48	49	50	51	52	53	54	55	56	57	58	59
114	77	80	78	74	70	74	75	80	81	70	60	69	61	62	47	42	52	52	48	56	54	34	43
60	61	62	63	64	65	66	67	68	69	70	71	72	73	74	75	76	77	78	79	80	81	82	83
48	41	42	41	41	53	51	39	29	87	221	364	312	131	36	19	33	32	38	20	19	18		
84	85	86	87	88	89	90	91	92	93	94	95	96	97	98	99	100							
15	23	21	12	12	11	14	16	10	12	12	13	16	13	8	16	1422							

下一步，删除评级了 80 个或更多笑话的用户记录：

```
model_data = Jester5k[rowCounts(Jester5k) < 80]
dim(model_data)
[1] 3261  100
```

数据集已从 5000 条减少到 3261 条。

现在分析每位用户给出的平均评级。箱线图展示了笑话评级的平均分布。

```
boxplot(model_data)
```

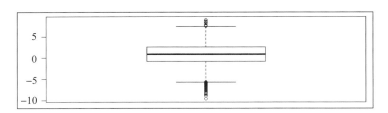

上图告诉我们，很少有偏离正常行为的评级。从前面的图像我们看到，大于 7（大约）和小于 –5（大约）的平均评级属于异常值，并且较少。

通过运行以下代码来查看计数：

```
boxplot(rowMeans(model_data [rowMeans(model_data)>=-5 &
rowMeans(model_data)<= 7]))
```

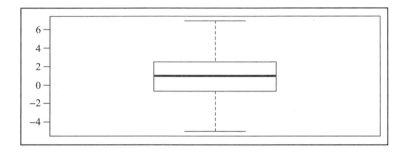

去掉极低于平均评级和极高于平均评级的用户。

```
model_data = model_data [rowMeans(model_data)>=-5 & rowMeans(model_data)<=
7]
dim(model_data)
[1] 3163   100
```

检查数据中前 100 个用户的评级分布：

```
image(model_data, main = "Rating distribution of 100 users")
```

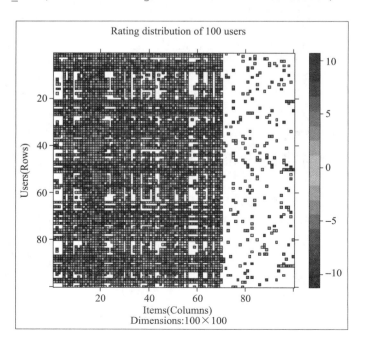

5.4.5 使用 k 折交叉验证评估推荐模型

recommenderlab 包提供使用 evaluationScheme() 函数评估模型的基础架构。根据 Carn 网站上的定义："evaluationScheme"从数据集创建 evaluationcSheme 对象。该方案可以简单地将数据集分为训练数据和测试数据，使用 k 折交叉验证或者使用 k 个独立的引导样本。

以下是 evaluationScheme() 函数的参数。

data	data as ratingMatrix
method	Split/Cross-validation/bootstrap
k	number of nearest neighbours to be considered for similarity calculation
goodRating	Minimum value for considering as good rating
given	Minimum number of records each row should contain

我们使用交叉验证方法分割数据，例如，5 折交叉验证方法将训练数据分为 5 个较小的数据集，其中 4 个集合用于训练模型，剩下的 1 个用于评估模型。如下将参数定义为最小的良好评级、交叉验证方法的折数和拆分方法：

```
items_to_keep <- 30
rating_threshold <- 3
n_fold <- 5 # 5-fold
eval_sets <- evaluationScheme(data = model_data, method = "cross-validation",train = percentage_training, given = items_to_keep, goodRating = rating_threshold, k = n_fold)

Evaluation scheme with 30 items given
Method: 'cross-validation' with 5 run(s).
Good ratings: >=3.000000
Data set: 3163 x 100 rating matrix of class 'realRatingMatrix' with 186086 ratings.
```

检查由交叉验证方法形成的 5 个集合的大小：

```
size_sets <- sapply(eval_sets@runsTrain, length)
 size_sets
[1] 2528 2528 2528 2528 2528
```

为了提取集合，我们需要使用 getData()。存在三个数据集：
- **train**：训练集
- **known**：测试集，包含用于构建推荐的项目
- **unknown**：测试集，包含用于测试推荐的项目

使用以下代码查看训练集：

```
getData(eval_sets, "train")
2528 x 100 rating matrix of class 'realRatingMatrix' with 149308 ratings.
```

5.4.6　评估基于用户的协同过滤

现在我们来评估模型，将 model_to_evaluate 参数设置为基于用户协同过滤（UBCF），并将 model_parameters 设置为 NULL，以使用其默认设置，如下所示：

```
model_to_evaluate <- "UBCF"
model_parameters <- NULL
```

下一步是使用 recommender() 函数构建推荐模型，如下所示：

```
eval_recommender <- Recommender(data = getData(eval_sets, "train"),method = model_to_evaluate, parameter = model_parameters)
Recommender of type 'UBCF' for 'realRatingMatrix'
learned using 2528 users
```

我们看到基于用户的推荐模型使用 2528 users 的训练数据进行了学习。现在我们可以在 eval_sets 上预测已知评级，并根据前面描述的使用未知集评估结果。

在预测已知的评级之前，我们必须设置推荐项目的数量。接下来，我们必须提供测试集到 predict() 函数。通过运行以下命令进行评级预测：

```
items_to_recommend <- 10
eval_prediction <- predict(object = eval_recommender, newdata =getData(eval_sets, "known"), n = items_to_recommend, type = "ratings")
eval_prediction
635 x 100 rating matrix of class 'realRatingMatrix' with 44450 ratings
```

执行 predict() 函数需要一些时间，因为基于用户的协同过滤这种方式在运行时是基于内存的，并且是一种惰性学习技术，在预测期间加载了整个数据集。

现在我们将使用未知集来评估预测，并使用精确率、召回率和 F1 值等指标来评估

模型的准确率。通过调用calcPredicitonAccuracy()方法来计算模型准确率指标，代码如下：

```
eval_accuracy <- calcPredictionAccuracy( x = eval_prediction, data =
getData(eval_sets, "unknown"), byUser = TRUE)
head(eval_accuracy)
          RMSE       MSE      MAE
u17322 4.536747 20.582076 3.700842
u13610 4.609735 21.249655 4.117302
u5462  4.581905 20.993858 3.714604
u1143  2.178512  4.745912 1.850230
u5021  2.664819  7.101260 1.988018
u21146 2.858657  8.171922 2.194978
```

通过设置byUser = TRUE，我们计算每位用户的模型准确率。通过取平均值得到总体的准确率如下：

```
apply(eval_accuracy,2,mean)
     RMSE       MSE      MAE
 4.098122 18.779567  3.377653
```

通过设置byUser = FALSE，在前面的calcPredictionAccuracy()方法中可以计算总体模型准确率：

```
eval_accuracy <- calcPredictionAccuracy( x = eval_prediction, data =
getData(eval_sets, "unknown"), byUser =
    FALSE)
eval_accuracy
     RMSE       MSE      MAE
 4.372435 19.118191  3.431580
```

在前面的方法中，我们使用**均方根误差（RMSE）**和**平均绝对误差（MAE）**评估模型准确率，还可以使用精确率/召回率，通过调用evaluate()函数得到结果，进而使用该结果创建包含精确率、召回率、F1值的混淆矩阵，如下所示：

```
results <- evaluate(x = eval_sets, method = model_to_evaluate, n = seq(10,
100, 10))
```

```
UBCF run fold/sample [model time/prediction time]
 1  [0.01sec/19.64sec]
 2  [0.02sec/19.6sec]
 3  [0.02sec/19.68sec]
 4  [0.02sec/19.45sec]
 5  [0.03sec/19.01sec]
```

```
head(getConfusionMatrix(results)[[1]])
         TP        FP        FN        TN precision    recall       TPR
FPR
10  6.63622  3.363780 10.714961 49.285039 0.6636220 0.4490838 0.4490838
0.05848556
20 10.03150  9.968504  7.319685 42.680315 0.5015748 0.6142384 0.6142384
0.17854766
30 11.20787 18.792126  6.143307 33.856693 0.3735958 0.6714050 0.6714050
0.34877101
40 11.91181 28.088189  5.439370 24.560630 0.2977953 0.7106378 0.7106378
0.53041204
50 12.96850 37.031496  4.382677 15.617323 0.2593701 0.7679658 0.7679658
0.70444585
60 14.82362 45.176378  2.527559  7.472441 0.2470604 0.8567522 0.8567522
0.85919995
```

前四列包含 TP、FP、FN、TN，如下：

❑ **True Positive（TP）**：被正确评级的推荐项目

❑ **False positive（FP）**：没有评级的推荐项目

❑ **False Negative（FN）**：有评级而没有推荐的项目

❑ **True Negative（TN）**：没有评级且没有被推荐的项目

一个完美（或过拟合）的模型只会有 TP 和 TN。

如果我们同时考虑所有的拆分，只能汇总如下的索引：

```
columns_to_sum <- c("TP", "FP", "FN", "TN")
indices_summed <- Reduce("+", getConfusionMatrix(results))[,
columns_to_sum]
head(indices_summed)
         TP         FP        FN        TN
10 32.59528  17.40472  53.22520 246.77480
20 49.55276  50.44724  36.26772 213.73228
30 55.60787  94.39213  30.21260 169.78740
40 59.04724 140.95276  26.77323 123.22677
50 64.22205 185.77795  21.59843  78.40157
60 73.67717 226.32283  12.14331  37.85669
```

由于参考上表总结模型比较困难，我们可以用 ROC 曲线评估模型。使用 plot() 构建 ROC 曲线图：

```
plot(results, annotate = TRUE, main = "ROC curve")
```

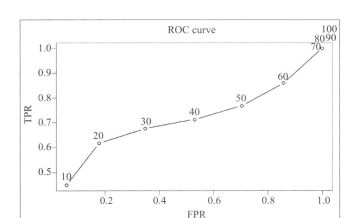

上图显示了真正率（TPR）和假正率（FPR）之间的关系，但我们必须在选择值时考虑 TPR 和 FPR 之间的权衡。在本例中，我们观察到 nn = 30 是一个非常好的权衡值，因为当选择 30 附近时，TPR 接近 0.7，FPR 接近 0.4，当移动到 nn = 40 时，TPR 仍然接近 0.7，但是 FPR 已经接近 0.6 了。

5.5　构建基于项目的推荐模型

与 UBCF 一样，我们为基于项目的推荐系统使用相同的 Jester5k 数据集。在本节中，我们不会像前面那样再研究数据。首先删除那些已对所有项目评级的用户数据，并删除那些评级超过 80 的记录：

```
library(recommenderlab)
data("Jester5k")
model_data = Jester5k[rowCounts(Jester5k) < 80]
model_data
[1] 3261  100
```

现在，看看每位用户的平均评级的分布：

```
boxplot(rowMeans(model_data))
```

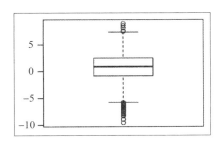

以下代码片段计算每位用户给出的平均评级，并标识给出了极端评级的用户（要么非常高，要么很低）。

从以下结果我们观察到，与大多数用户相比，有 19 个平均评级非常高和 79 个评级非常低的记录：

```
dim(model_data[rowMeans(model_data) < -5])
[1]  79 100
dim(model_data[rowMeans(model_data) > 7])
[1]  19 100
```

在 3 261 条记录中，只有 98 条记录比平均值少得多或是多得多，因此我们从数据集删除这些内容：

```
model_data = model_data [rowMeans(model_data)>=-5 & rowMeans(model_data)<= 7]
model_data
[1] 3163   100
```

从这里，我们分成以下几部分：
- 利用训练和测试数据构建 IBCF 推荐模型
- 评估模型
- 参数调优

5.5.1 构建 IBCF 推荐模型

构建任何推荐模型的第一步是准备训练数据。之前，我们已经通过删除异常数据准备好构建模型所需的数据。现在运行以下代码将可用数据分为 80% 的训练集和 20% 的测试集。我们使用训练数据构建推荐模型，并在测试集上生成推荐。

以下代码首先创建与原始数据集长度相同的逻辑对象，包含 80% 原始数据集的元素，20% 元素作为测试：

```
which_train <- sample(x = c(TRUE, FALSE), size = nrow(model_data),
 replace = TRUE, prob = c(0.8, 0.2))
class(which_train)
[1] "logical"
head(which_train)
[1] TRUE TRUE TRUE TRUE TRUE TRUE
```

然后使用 `model_data` 中的逻辑对象生成训练集，如下所示：

```
 model_data_train <- model_data[which_train, ]
dim(model_data_train)
[1] 2506   100
```

之后使用 `model_data` 中的逻辑对象生成测试集，如下所示：

```
model_data_test <- model_data[!which_train, ]
dim(model_data_test)
[1] 657 100
```

现在已经准备了训练集和测试集，开始训练模型并在测试集上生成最优推荐。

对于模型构建，如 UBCF 章节中提到的，我们使用 `recommenderlab` 包中相同的 `recommender()` 函数。运行以下代码来使用训练集训练模型。

为 `recommender()` 函数设置参数。将要评估的模型设为 "IBCF"，同时 k =30。k 是计算相似值时考虑的邻居数目，如下所示：

```
model_to_evaluate <- "IBCF"

model_parameters <- list(k = 30)
```

以下代码片段展示了使用 `recommender()` 函数及其输入参数（例如输入数据、要评估的模型和 k 参数）构建推荐引擎模型：

```
model_recommender <- Recommender(data = model_data_train,method = 
model_to_evaluate, parameter = model_parameters)
```

IBCF 模型对象被创建为 `model_recommender`。该模型通过前面创建的 2506 训练集进行训练和学习：

```
model_recommender
Recommender of type 'IBCF' for 'realRatingMatrix' learned using 2506 
users.
```

现在我们已经创建了模型，来探索一下细节。我们使用 `recommenderlab` 中可用的 `getModel()` 来提取模型细节如下：

```
model_details = getModel(model_recommender)
str(model_details)
List of 10
 $ description       : chr "IBCF: Reduced similarity matrix"
 $ sim               :Formal class 'dgCMatrix' [package
"Matrix"] with 6 slots
  .. ..@ i       : int [1:3000] 1 2 3 9 10 23 24 32 36 37 ...
  .. ..@ p       : int [1:101] 0 20 41 66 101 126 162 192 226 262
...
  .. ..@ Dim     : int [1:2] 100 100
  .. ..@ Dimnames:List of 2
  .. .. ..$ : chr [1:100] "j1" "j2" "j3" "j4" ...
  .. .. ..$ : chr [1:100] "j1" "j2" "j3" "j4" ...
  .. ..@ x       : num [1:3000] 0.1785 0.1735 0.0448 0.0833 0.0272
```

```
...
 .. ..@ factors : list()
 $ k                     : num 30
 $ method                : chr "Cosine"
 $ normalize             : chr "center"
 $ normalize_sim_matrix  : logi FALSE
 $ alpha                 : num 0.5
 $ na_as_zero            : logi FALSE
 $ minRating             : logi NA
 $ verbose               : logi FALSE
```

从以上结果来看，值得注意的重要参数是 k 值、默认相似度值和 Cosine 相似度方法。最后一步是在测试集上生成推荐。在测试集上运行以下代码并生成推荐。items_to_recommend 是设置为每位用户生成的推荐数量的参数：

```
items_to_recommend <- 10
```

调用 recommenderlab 包中可用的 predict() 方法，以预测测试集中的未知项：

```
model_prediction <- predict(object = model_recommender, newdata = model_data_test, n = items_to_recommend)

model_prediction
Recommendations as 'topNList' with n = 10 for 657 users.

print(class(model_prediction))
[1] "topNList"
attr(,"package")
[1] "recommenderlab"
```

我们可以使用 slotNames() 方法获取预测对象的细节：

```
slotNames(model_prediction)
[1] "items"        "itemLabels" "n"
```

来看看在测试集中为第一个用户生成的预测：

```
model_prediction@items[[1]]
[1]  89  76  72  87  93 100  97  80  94  86
```

将项目标签添加到每个预测：

```
recc_user_1  = model_prediction@items[[1]]

jokes_user_1 <- model_prediction@itemLabels[recc_user_1]

jokes_user_1
[1] "j89" "j76" "j72" "j87" "j93" "j100" "j97" "j80" "j94" "j86"
```

5.5.2 模型评估

在生成预测之前先评估一下推荐模型。正如我们在 UBCF 中看到的，可以使用 evaluationScheme() 方法。我们使用交叉验证设置来生成训练和测试集。然后对每个测试集进行预测，并评估模型的准确率。

运行以下代码以生成训练和测试集。

其中 n_fold 定义为 4 折交叉验证，将数据划分为 3 个训练集和 1 个测试集：

```
n_fold <- 4
```

items_to_keep 定义用于生成推荐的最小项目数：

```
items_to_keep <- 15
```

rating_threshold 定义了被视为良好评级的最低评级值：

```
rating_threshold <- 3
```

evaluationScheme 方法创建测试集：

```
eval_sets <- evaluationScheme(data = model_data, method = "cross-validation",k = n_fold, given = items_to_keep, goodRating =rating_threshold)
size_sets <- sapply(eval_sets@runsTrain, length)
size_sets
[1] 2370 2370 2370 2370
```

设置 model_to_evaluate 为要使用的推荐方法。

model_parameters 定义模型参数，如计算余弦相似度时要考虑的邻居数量。现在，我们将其设为 NULL，以使模型选择默认值，如下所示：

```
model_to_evaluate <- "IBCF"
model_parameters <- NULL
```

使用 recommender() 方法生成模型。了解 recommender() 方法的每个参数：getData 从 eval_sets 中提取训练数据，并将其传递给 recommender() 方法：

```
getData(eval_sets,"train")
2370 x 100 rating matrix of class 'realRatingMatrix' with 139148 ratings
```

由于我们使用 4 折交叉验证，recommender() 方法使用 eval_sets 中的三组数据进行训练，剩余的一组用于测试 / 评估模型，如下所示：

```
eval_recommender <- Recommender(data = getData(eval_sets, "train"),method =
model_to_evaluate, parameter = model_parameters)
#setting the number of items to be set for recommendations
items_to_recommend <- 10
```

现在，我们使用构建的模型对 eval_sets 中的 "known" 数据集进行预测。

如前所述，我们使用 predict() 方法生成预测：

```
eval_prediction <- predict(object = eval_recommender, newdata =
getData(eval_sets, "known"), n = items_to_recommend, type = "ratings")

class(eval_prediction)
[1] "realRatingMatrix"
attr(,"package")
[1] "recommenderlab"
```

5.5.3 模型准确率度量

直到现在，当前的过程与做初始预测的过程相同，现在我们将学习如何评估对来自 eval_sets 的 "known" 测试数据集进行的预测的模型准确率。正如在 UBCF 章节中看到的，我们使用 calcPredictionAccuracy() 方法来计算预测准确率。

使用 calcPredictionAccuracy() 方法，并传入 eval_sets 中的 "unknown" 数据集：

```
eval_accuracy <- calcPredictionAccuracy(x = eval_prediction, data =
getData(eval_sets, "unknown"), byUser = TRUE)

head(eval_accuracy)
            RMSE      MSE       MAE
u238    4.625542 21.39564  4.257505
u17322  4.953789 24.54003  3.893797
u5462   4.685714 21.95591  4.093891
u13120  4.977421 24.77472  4.261627
u12519  3.875182 15.01703  2.750987
u17883  7.660785 58.68762  6.595489
```

> **注意** 在前面的方法中使用 byUser =TRUE 计算每位用户的准确率。在上面的表中，通过观察可知，对于用户 -u238, RMSE 是 4.62，而 MAE 是 4.25。

如果我们想看到整个模型的准确率，就计算每个列的平均值，即所有用户的平均值，如下所示：

```
apply(eval_accuracy,2,mean)
   RMSE      MSE      MAE
4.45511  21.94246  3.56437
```

通过设置 byUser = FALSE，也可以计算整个模型的准确率：

```
eval_accuracy <- calcPredictionAccuracy(x = eval_prediction, data =
getData(eval_sets, "unknown"), byUser = FALSE)

eval_accuracy
     RMSE       MSE       MAE
4.672386  21.831190  3.555721
```

5.5.4　模型准确率绘图

我们可以使用精确率和召回率、ROC 曲线和精确率 / 召回率曲线来查看模型准确率。这些曲线帮助我们在选择使用的推荐模型（IBCF）的参数时，在精确率和召回率之间做出权衡。

我们使用 evaluate() 方法，然后设置 n 以定义计算项目之间的相似度时考虑的最近邻居的数量。

运行以下评估方法，使该模型为每个数据集运行四次：

```
results <- evaluate(x = eval_sets, method = model_to_evaluate, n =
seq(10,100,10))
IBCF run fold/sample [model time/prediction time]
 1 [0.145sec/0.327sec]
 2 [0.139sec/0.32sec]
 3 [0.139sec/0.32sec]
 4 [0.137sec/0.322sec]
```

看看每折的模型准确率：

```
results@results[1]
```

```
           TP         FP          FN         TN  precision    recall
TPR
10    2.923077   7.076923  14.48675914  60.5132409  0.2923077  0.1735253
0.1735253

20    6.508197  13.491803  10.90163934  54.0983607  0.3254098  0.3967540
0.3967540

30    9.388398  20.611602   8.02143758  46.9785624  0.3129466  0.5636088
0.5636088

40   11.419924  28.580076   5.98991173  39.0100883  0.2854981  0.6759040
0.6759040
```

```
50  13.119798  36.880202   4.29003783  30.7099622  0.2623960  0.7702400
0.7702400

60  14.602774  45.397226   2.80706179  22.1929382  0.2433796  0.8503495
0.8503495

70  15.876419  54.116015   1.53341740  13.4741488  0.2268279  0.9184538
0.9184538

80  16.941992  63.017654   0.46784363   4.5725095  0.2118578  0.9764965
0.9764965

90  17.398487  67.229508   0.01134931   0.3606557  0.2054721  0.9992819
0.9992819

100 17.398487  67.229508   0.01134931   0.3606557  0.2054721  0.9992819
0.9992819

          FPR
10   0.1037828
20   0.1969269
40   0.4184371
50   0.5414312
60   0.6679105
70   0.7979464
80   0.9314466
90   0.9947886
100  0.9947886
```

使用以下代码总结所有 4 折结果：

```
columns_to_sum <- c("TP", "FP", "FN", "TN","precision","recall")
indices_summed <- Reduce("+", getConfusionMatrix(results))[,
columns_to_sum]
```

```
head(indices_summed)
          TP       FP       FN       TN  precision    recall
10  11.33291  28.66709  56.47415 243.52585  1.1332913  0.7137918
20  25.35687  54.64313  42.45019 217.54981  1.2678436  1.5929334
30  36.65700  83.34300  31.15006 188.84994  1.2219000  2.2746946
40  44.71248 115.28752  23.09458 156.90542  1.1178121  2.7293984
50  51.17528 148.82472  16.63178 123.36822  1.0235057  3.0871703
60  56.98613 183.01387  10.82093  89.17907  0.9497688  3.4062870
```

从上表中，我们可以观察到模型准确率、精确率和召回率值在 n 值为 30 和 40 时比较好。使用 ROC 曲线、精确率和召回率绘图也可以直观地推断出同样的结果：

```
plot(results, annotate = TRUE, main = "ROC curve")
```

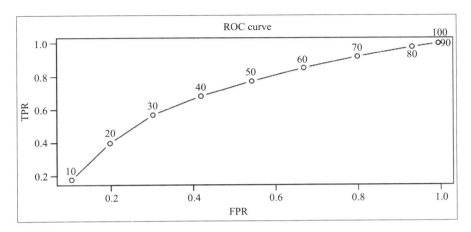

```
plot(results, "prec/rec", annotate = TRUE, main = "Precision-recall")
```

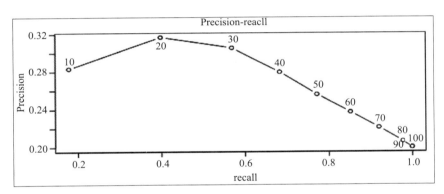

5.5.5 IBCF 参数调优

在构建 IBCF 模型时，在建立最终模型生成推荐之前，我们在有几个地方可以选择最优值：
- 我们必须选择计算项目间相似度的最优邻居数目
- 使用的相似度方法，选择余弦相似度还是皮尔逊方法

如下，首先设置不同的 k 值：

```
vector_k <- c(5, 10, 20, 30, 40)
```

使用 `lapply` 生成使用余弦方法且 k 值不同的模型：

```
model1 <- lapply(vector_k, function(k,l){ list(name = "IBCF", param =
list(method = "cosine", k = k)) })
names(model1) <- paste0("IBCF_cos_k_", vector_k)
names(model1) [1] "IBCF_cos_k_5" "IBCF_cos_k_10" "IBCF_cos_k_20"
"IBCF_cos_k_30" [5] "IBCF_cos_k_40" #use Pearson method for similarities
model2 <- lapply(vector_k, function(k,l){ list(name = "IBCF", param =
list(method = "pearson", k = k)) })

names(model2) <- paste0("IBCF_pea_k_", vector_k)
names(model2) [1] "IBCF_pea_k_5" "IBCF_pea_k_10" "IBCF_pea_k_20"
"IBCF_pea_k_30" [5] "IBCF_pea_k_40"
#now let's combine all the methods:
models = append(model1,model2)
```

$IBCF_cos_k_5$	$IBCF_cos_k_30$	$IBCF_pea_k_5$	$IBCF_pea_k_20$	$IBCF_pea_k_40$
$IBCF_cos_k_5$name	$IBCF_cos_k_30$name	$IBCF_pea_k_5$name	$IBCF_pea_k_20$name	$IBCF_pea_k_40$name
[1] "IBCF"	[1] "IBCF"	[1] "IBCF"	[1] "IBCF"	[1] "IBCF"
$IBCF_cos_k_5$param	$IBCF_cos_k_30$param	$IBCF_pea_k_5$param	$IBCF_pea_k_20$param	$IBCF_pea_k_40$param
$IBCF_cos_k_5$param$method	$IBCF_cos_k_30$param$method	$IBCF_pea_k_5$param$method	$IBCF_pea_k_20$param$method	$IBCF_pea_k_40$param$method
[1] "cosine"	[1] "cosine"	[1] "pearson"	[1] "pearson"	[1] "pearson"
$IBCF_cos_k_5$param$k	$IBCF_cos_k_30$param$k	$IBCF_pea_k_5$param$k	$IBCF_pea_k_20$param$k	$IBCF_pea_k_40$param$k
[1] 5	[1] 30	[1] 5	[1] 20	[1] 40
$IBCF_cos_k_10$	$IBCF_cos_k_40$	$IBCF_pea_k_10$	$IBCF_pea_k_30$	$IBCF_cos_k_20$
$IBCF_cos_k_10$name	$IBCF_cos_k_40$name	$IBCF_pea_k_10$name	$IBCF_pea_k_30$name	$IBCF_cos_k_20$name
[1] "IBCF"	[1] "IBCF"	[1] "IBCF"	[1] "IBCF"	[1] "IBCF"
$IBCF_cos_k_10$param	$IBCF_cos_k_40$param	$IBCF_pea_k_10$param	$IBCF_pea_k_30$param	$IBCF_cos_k_20$param
$IBCF_cos_k_10$param$method	$IBCF_cos_k_40$param$method	$IBCF_pea_k_10$param$method	$IBCF_pea_k_30$param$method	$IBCF_cos_k_20$param$method
[1] "cosine"	[1] "cosine"	[1] "pearson"	[1] "pearson"	[1] "cosine"
$IBCF_cos_k_10$param$k	$IBCF_cos_k_40$param$k	$IBCF_pea_k_10$param$k	$IBCF_pea_k_30$param$k	$IBCF_cos_k_20$param$k
[1] 10	[1] 40	[1] 10	[1] 30	[1] 20

设置要生成的推荐总数：

```
n_recommendations <- c(1, 5, seq(10, 100, 10))
```

在构建的 4 折方法上调用评估方法：

```
 list_results <- evaluate(x = eval_sets, method = models, n=
n_recommendations)
IBCF run fold/sample [model time/prediction time] 1 [0.139sec/0.311sec] 2
[0.143sec/0.309sec] 3 [0.141sec/0.306sec] 4 [0.153sec/0.312sec]
IBCF run fold/sample [model time/prediction time] 1 [0.141sec/0.326sec] 2
[0.145sec/0.445sec] 3 [0.147sec/0.387sec] 4 [0.133sec/0.439sec]
IBCF run fold/sample [model time/prediction time] 1 [0.14sec/0.332sec] 2
[0.16sec/0.327sec] 3 [0.139sec/0.331sec] 4 [0.138sec/0.339sec] IBCF run
fold/sample [model time/prediction time] 1 [0.139sec/0.341sec] 2
[0.157sec/0.324sec] 3 [0.144sec/0.327sec] 4 [0.133sec/0.326sec]
```

现在得到了结果，绘制并选择最佳参数如下：

```
plot(list_results, annotate = c(1,2), legend = "topleft")
title("ROC curve")
```

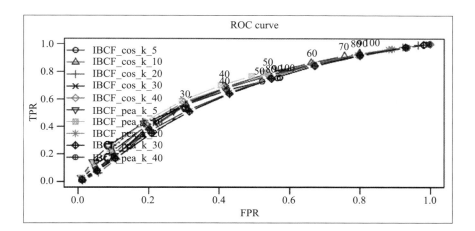

从前面的图发现，IBCF 最好的方法是使用余弦相似度且 $n = 30$，其次较好的是 $n = 40$ 的皮尔逊方法。

用 precision-Recall 曲线来确认：

```
plot(list_results, "prec/rec", annotate = 1, legend = "bottomright")
title("Precision-recall")
```

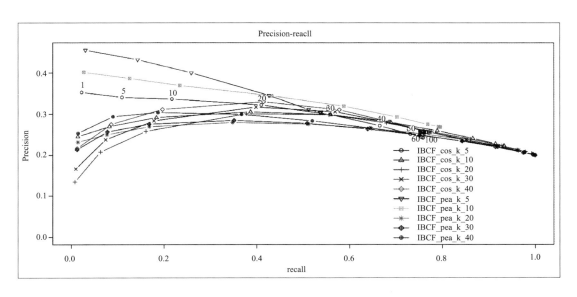

从上面的图中可以看出，当推荐数 = 30，使用余弦相似度且 $n = 40$ 时，达到了最好的准确率和召回率。另一个较好的模型是采用皮尔逊相似度方法并设置 $n = 10$。

5.6 使用 Python 构建协同过滤

前面介绍了使用 R 包 `recommenderlab` 的基于用户的推荐系统和基于项目的推荐系统的实现。在本节中，将介绍使用 Python 来实现 UBCF 和 IBCF。

本节使用 MovieLens 100k 数据集，其中包含 1 682 部电影的 943 个用户评级。与 R 不同，在 Python 中没有一个专门用于构建推荐引擎的 Python 包，至少对于基于近邻算法的推荐系统，如基于用户／基于项目的推荐系统是如此。

尽管有 Crab Python 包，但它不是主动支持的。所以我打算使用 Python 中的系统包（如 NumPy、sklearn 和 Pandas）来构建推荐引擎。

5.6.1 安装必要包

对于本节，请确保您有以下系统配置：

- Python 3.5
- Pandas 1.9.2，Pandas 是一个开源的、BSD 许可的库，提供了高性能、易于使用的数据结构和数据分析工具
- NumPy 1.9.2，NumPy 是 Python 科学计算的基础包
- sklearn 0.16.1

> **提示**
> 安装前面的包，最好是安装 Anaconda 发行版，它将安装所有需要的软件包，如 Python、Pandas 和 NumPy。
>
> Anaconda 可以在 `https://www.continuum.io/downloads` 下载。

5.6.2 数据源

可以从以下链接下载 MovieLens 100k 数据：

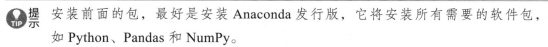

`http://files.grouplens.org/datasets/movielens/ml-100k.zip`

从实现基于用户的协同过滤开始。假设已经将数据下载到本地系统，将数据加载到 Python 环境中。

使用 Pandas 包和 `read_csv()` 方法加载数据，向该方法传递路径和分隔符两个参数，如下所示：

```
path = "~/udata.csv"
df = pd.read_csv(path, sep='\t')
```

这些数据将被加载为 DataFrame，一种类似于表的数据结构，它可以很方便地用于数据处理和操作任务。

```
type(df)
<class 'pandas.core.frame.DataFrame'>
```

使用 Pandas DataFrame 对象中可用的 head() 方法看看数据帧中的前六个结果：

```
df.head()
  UserID  ItemId  Rating  Timestamp
0    196     242       3  881250949
1    186     302       3  891717742
2     22     377       1  878887116
3    244      51       2  880606923
4    166     346       1  886397596
```

使用列属性，查看数据帧中的列名 df。以下代码片段的结果显示有四列：UserID、ItemId、Rating、Timestamp，并且都是对象数据类型：

```
df.columns
Index([u'UserID', u'ItemId ', u'Rating', u'Timestamp'], dtype='object')
```

通过调用形状属性来查看数据帧的大小。观察到有 4 列、10 万条记录：

```
df.shape
(100000, 4)
```

5.7 数据探讨

在本节中，将要探讨 MovieLens 数据集，并准备使用 Python 构建协同过滤推荐引擎所需的数据。

使用以下代码片段来查看评级的分布：

```
import matplotlib.pyplot as plt
plt.hist(df['Rating'])
```

从以下图像中，可以看到 4 星评级的电影相对更多。

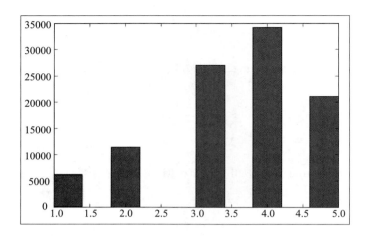

使用以下代码片段，可以通过在 DataFrame 上应用 groupby() 函数和 count() 函数来查看评级的计数：

```
In [21]: df.groupby(['Rating'])['UserID'].count()
Out[21]:
Rating
1     6110
2    11370
3    27145
4    34174
5    21201
Name: UserID, dtype: int64
```

以下代码片段显示了观影的分布。在 DataFrame 上应用 count() 函数：

```
plt.hist(df.groupby(['ItemId'])['ItemId'].count())
```

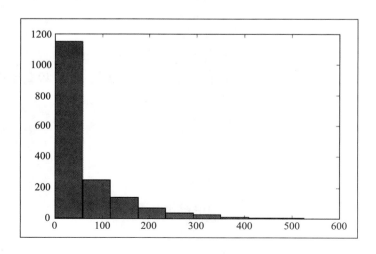

从前面的图像可以观察到，起始 ItemId 的评级比后来的电影更高。

5.7.1 表示评级矩阵

现在，探讨完数据后，用一个评级矩阵表示数据，以实现构建推荐引擎的最初任务。

为了创建评级矩阵，使用 NumPy 包中的功能，如矩阵中的数组和行迭代。运行以下代码以用评级矩阵表示数据：

> **注意** 在下面的代码中，首先提取所有唯一的用户 ID，然后使用形状参数检查长度。

创建 n_users 变量以找到数据中的唯一用户总数：

```
n_users = df.UserID.unique().shape[0]
```

创建 n_items 变量以找到数据中的唯一电影总数：

```
n_items = df['ItemId '].unique().shape[0]
```

输出唯一用户和电影的计数：

```
print(str(n_users) + ' users')
943 users
print(str(n_items) + ' movies')
1682 movies
```

创建一个大小为（n_users × n_items）的 0 值矩阵，以在矩阵单元格中存储评级：

```
ratings = np.zeros((n_users, n_items))
```

对于 DataFrame 中的每个元组，df 从行中的每个列中提取信息，并将其存储在评级矩阵单元格中，如下所示：

```
for  row in df.itertuples():
ratings[row[1]-1, row[2]-1] = row[3]
```

运行循环，整个 DataFrame 电影评级信息将存储在 numpy.ndarray 类型的评级矩阵中，如下所示：

```
type(ratings)
<type 'numpy.ndarray'>
```

现在，使用形状属性来查看多维数组 ratings 的维度：

```
ratings.shape
(943, 1682)
```

通过运行以下代码直观地查看评级多维数组的示例数据：

```
ratings
array([[ 5.,  3.,  4., ...,  0.,  0.,  0.],
       [ 4.,  0.,  0., ...,  0.,  0.,  0.],
       [ 0.,  0.,  0., ...,  0.,  0.,  0.],
       ...,
       [ 5.,  0.,  0., ...,  0.,  0.,  0.],
       [ 0.,  0.,  0., ...,  0.,  0.,  0.],
       [ 0.,  5.,  0., ...,  0.,  0.,  0.]])
```

通过观察可知，评级矩阵是稀疏的，因为在数据中看到了很多 0。通过运行以下代码来确定数据的稀疏性：

```
sparsity = float(len(ratings.nonzero()[0]))
sparsity /= (ratings.shape[0] * ratings.shape[1])
sparsity *= 100
print('Sparsity: {:4.2f}%'.format(sparsity))
Sparsity: 6.30%
```

通过观察知道稀疏性是 6.3%，也就是说只能得到 6.3% 的评级信息，而其他数据只是 0。另外请注意，在评级矩阵中看到的 0 值不代表用户给出的评级，只代表它们是空的。

5.7.2 创建训练集和测试集

现在已经得到一个评级矩阵，开始创建一个训练集和测试集，使用训练集构建推荐模型，并使用测试集评估模型。

要将数据划分为训练集和测试集，使用 sklearn 包的功能。

使用以下导入函数将 train_test_split 模块加载到 Python 环境中：

```
from sklearn.cross_validation import train_test_split
```

调用 train_test_split() 方法，设置测试集大小为 0.33 和随机种子为 42：

```
 ratings_train, ratings_test = train_test_split(ratings,test_size=0.33,
random_state=42)
```

看看训练集的维度：

```
ratings_train.shape (631, 1682)
#let's see the dimensions of the test set
ratings_test.shape (312, 1682)
```

对于基于用户的协同过滤，预测一个项目的用户评级是由该项目所有其他用户的评级加权求和给出的，其中权重是每位用户和输入用户之间的余弦相似度。

5.7.3 构建 UBCF 的步骤

构建 UBCF 的步骤是：
- 创建用户之间的相似度矩阵
- 通过计算项目的所有用户的评级加权和，预测活跃用户 u 对项目 i 的未知评级值

 提示 这里的权重是前一步计算的用户和相邻用户之间的余弦相似度。

- 用户推荐新项目。

5.7.4 基于用户的相似度计算

下一步是为评级矩阵中的每位用户创建成对的相似度计算，也就是说，我们必须计算每位用户与矩阵中所有其他用户的相似度。在这里选择的是余弦相似度。为此，我们利用 sklearn 包中的成对距离计算能力来计算余弦相似度：

```
import numpy as np
import sklearn

#call cosine_distance() method available in sklearn metrics module
by passing the ratings_train set.
The output will be a distance matrix.
dist_out = 1-
sklearn.metrics.pairwise.cosine_distances(ratings_train)

# the type of the distance matrix will be the same type of the
rating matrix
type(dist_out)
<type 'numpy.ndarray'>
#the dimensions of the distance matrix will be a square matrix of
size equal to the number of users.
dist_out.shape
(631, 631)
```

来看看距离矩阵的示例数据集：

dist_out

```
array ([[ 1.        ,  0.36475764,  0.44246231, ...,  0.02010641,
         0.33107929,  0.25638518],
       [ 0.36475764,  1.        ,  0.42635255, ...,  0.06694419,
         0.27339314,  0.22337268],
       [ 0.44246231,  0.42635255,  1.        , ...,  0.06675756,
         0.25424373,  0.22320126],
       ...,
       [ 0.02010641,  0.06694419,  0.06675756, ...,  1.        ,
         0.04853428,  0.05142508],
       [ 0.33107929,  0.27339314,  0.25424373, ...,  0.04853428,
         1.        ,  0.1198022 ],
       [ 0.25638518,  0.22337268,  0.22320126, ...,  0.05142508,
         0.1198022 ,  1.        ]])
```

5.7.5 预测活跃用户的未知评级

如前所述，可以通过距离矩阵和评级矩阵之间的点积来计算所有用户的未知值，然后将数据与评级数进行归一，如下所示：

```
user_pred = dist_out.dot(ratings_train) /
np.array([np.abs(dist_out).sum(axis=1)]).T
```

现在，已经预测了训练集中用户的未知评级，定义一个函数来检查模型的误差或性能。以下代码定义了计算均方根误差（RMSE）的函数，其中使用了预测值和原始值，并使用 sklearn 的功能计算 RMSE，如下所示：

```
from sklearn.metrics import mean_squared_error
def get_mse(pred, actual):
    #Ignore nonzero terms.
    pred = pred[actual.nonzero()].flatten()
    actual = actual[actual.nonzero()].flatten()
    return mean_squared_error(pred, actual)
```

调用 get_mse() 方法来检查模型预测误差率：

```
get_mse(user_pred, ratings_train)
7.8821939915510031
```

我们发现模型准确率或 RMSE 是 7.8。现在在测试数据上运行相同的 get_mse() 方法，并检查准确率：

```
get_mse(user_pred, ratings_test)
8.9224954316965484
```

5.8　使用 KNN 进行基于用户的协同过滤

如果观察上面模型中的 RMSE 值,可以看到误差率较高。原因可能是在做出预测时选择了所有用户的评级信息。不考虑所有的用户,只考虑 N 个最类似用户的评级信息,然后做出预测。通过这样消除数据中的一些偏差可能提高模型的准确率。

以更详细的方式解释:在之前的代码中,通过所有用户的评级加权和来预测用户的评级,作为代替,这次我们选择每位用户的 N 个最相似用户,然后考虑这些用户的评级加权和来计算评级。

查找 N 个最近邻

首先,为了便于计算,我们通过设置变量 k 来选择前五名最相似的用户。

$$k = 5$$

我们使用 K 最近邻方法(KNN)来选择活跃用户的前五个最近邻居。为此任务选择 sklearn.knn:

```
from sklearn.neighbors import NearestNeighbors
```

通过传递 k 和相似度方法参数定义 NearestNeighbors 对象:

```
neigh = NearestNeighbors(k,'cosine')
```

将训练数据与 NearestNeighbor 对象:

```
neigh.fit(ratings_train)
```

计算每位用户的前五个相似用户及其相似度值,即每对用户之间的距离值:

```
top_k_distances,top_k_users = neigh.kneighbors(ratings_train, return_distance=True)
```

下面的结果表明多维数组 top_k_distances 中包含了训练集中每位用户的前五个相似用户以及相似度值:

```
top_k_distances.shape
(631, 5)
top_k_users.shape
(631, 5)
```

查看训练集中相似于用户 1 的前 5 个用户:

```
top_k_users[0]
array([  0,  82, 511, 184, 207], dtype=int64)
```

下一步是只选择每位用户的前 5 名相似用户，同时使用这些前 5 名相似用户的评级加权和来预测评级。

运行以下代码以预测训练数据中的未知评级：

```
user_pred_k = np.zeros(ratings_train.shape)
for i in range(ratings_train.shape[0]):
    user_pred_k[i,:] =
top_k_distances[i].T.dot(ratings_train[top_k_users][i])
/np.array([np.abs(top_k_distances[i].T).sum(axis=0)]).T
```

看看模型预测的数据：

```
user_pred_k.shape
(631, 1682)

user_pred_k
```

下图显示了 `user_pred_k` 的结果。

```
array ([[ 3.25379713, 1.75556855, 0.       , ..., 0.       ,
         0.       , 0.       ],
        [ 1.48370298, 0.       , 1.24948776, ..., 0.       ,
         0.       , 0.       ],
        [ 1.01011767, 0.73826825, 0.7451635, ..., 0.       ,
         0.       , 0.       ],
        ...,
        [ 0.       , 0.       , 0.       , ..., 0.       ,
         0.       , 0.       ],
        [ 0.74469557, 0.       , 0.       , ..., 0.       ,
         0.       , 0.       ],
        [ 1.9753676, 0.       , 0.       , ..., 0.       ,
         0.       , 0.       ]])
```

现在看看这个模型是否有改进。运行前面定义的 `get_mse()` 方法：

```
get_mse(user_pred_k, ratings_train)
8.9698490022546036
get_mse(user_pred_k, ratings_test)
11.528758029255446
```

5.9　基于项目的推荐

IBCF 与 UBCF 非常相似，但是在如何使用评级矩阵上发生了很小的变化。
第一步是计算电影之间的相似度。
由于必须计算电影之间的相似度，使用电影计数而不是用户计数作为 k：

```
k = ratings_train.shape[1]
neigh = NearestNeighbors(k,'cosine')
```

将评级矩阵转置馈入到 NearestNeighbors 对象：

```
neigh.fit(ratings_train.T)
```

计算每个电影对之间的余弦相似度距离：

```
top_k_distances,top_k_users = neigh.kneighbors(ratings_train.T,
return_distance=True)
top_k_distances.shape
(1682, 1682)
```

下一步是使用以下代码预测电影评级：

```
item_pred = ratings_train.dot(top_k_distances) /
np.array([np.abs(top_k_distances).sum(axis=1)])
item_pred.shape
(631, 1682)
item_pred
```

下图显示了 item_pred 的结果。

```
array ([[ 0.        , 0.51752631,  0.60019695, ...,  2.31664301,
         2.34134745, 2.46671096],
       [ 0.        , 0.31976603,  0.37168534, ...,  1.34680571,
         1.34897863, 1.44314592],
       [ 0.        , 0.50619664,  0.58685005, ...,  2.5337623,
         2.57055505, 2.74749235],
       ...,
       [ 0.        , 0.08945322,  0.10271303, ...,  0.41949597,
         0.41995047, 0.45733339],
       [ 0.        , 0.25785693,  0.29819614, ...,  1.30767892,
         1.32470838, 1.41198324],
       [ 0.        , 0.07197376,  0.08524505, ...,  0.25523416,
         0.25259761, 0.26155752]])
```

5.9.1　评估模型

现在使用已定义的 get_mse() 方法来评估模型，向其传递预测评级以及训练集和测试集：

```
get_mse(item_pred, ratings_train)
11.130000188318895
get_mse(item_pred,ratings_test)
12.128683035513326
```

5.9.2　KNN 训练模型

运行以下代码来计算前 40 名最近邻居的距离矩阵，然后计算所有电影的前 40 名用户的加权评级和。如果我们仔细观察代码，它与实现 UBCF 时的代码非常相似。不同的是我们没有直接传递 rating_train，而是转置数据矩阵并传递到之前的代码，如下所示：

```
k = 40
neigh2 = NearestNeighbors(k,'cosine')
neigh2.fit(ratings_train.T)
top_k_distances,top_k_movies = neigh2.kneighbors(ratings_train.T,
return_distance=True)

#rating prediction - top k user based
pred = np.zeros(ratings_train.T.shape)
for i in range(ratings_train.T.shape[0]):
    pred[i,:] =
top_k_distances[i].dot(ratings_train.T[top_k_movies][i])/np.array([np.abs(to
p_k_distances[i]).sum(axis=0)]).T
```

5.9.3　评估模型

以下代码片段计算训练集和测试集的均方误差。通过观察可知训练误差为 11.13，而测试误差为 12.12。

```
get_mse(item_pred_k, ratings_train)
11.130000188318895
get_mse(item_pred_k,ratings_test)
12.128683035513326
```

5.10　本章小结

本章探讨了构建协同过滤的方法，如流行的数据挖掘编程语言 R 和 Python 中的基于用户和基于项目的方法。推荐引擎基于可在线下载的 MovieLens、Jester5k 数据集构建。

我们学习了如何构建模型、选择数据、探索数据、创建训练集和测试集，并使用 RMSE、精确率和召回率以及 ROC 曲线等指标评估模型。此外，还了解了如何调整参数以改进模型。

第 6 章将讲解使用 R 和 Python 构建个性化的推荐引擎，如基于内容的推荐引擎和情境感知推荐引擎。

第 6 章 Chapter 6

构建个性化推荐引擎

推荐引擎发展迅速，很多研究开始持续进入这个领域，大型跨国公司也向这一领域投入了大量资金。如前所述，从早期的推荐引擎（如协同过滤）模型开始，这些系统取得了巨大的成功。随着越来越多的价值通过推荐引擎产生，且越来越多的人使用互联网来满足他们的购物需求、阅读新闻或获取与健康有关的信息，商业组织已经看到了利用互联网上可用的用户活动的巨大商机。随着推荐引擎的用户数量增加，以及越来越多的应用程序由推荐引擎赋能，用户也开始寻求个性化的建议，而不是基于社群的推荐。用户社群的这一需求被视为新的挑战，在个人层面提供建议的个性化推荐引擎应运而生。

几乎所有应用领域都在构建个性化级别的推荐引擎。

以下是一些个性化推荐应用示例：

- 个性化新闻推荐——谷歌新闻（如下图所示）
- 个性化保健系统
- 个性化旅游推荐系统
- 亚马逊上的个性化推荐
- YouTube 上的个性化电影推荐

下页有个性化推荐的截图。

在第 3 章中，我们详细了解了基于内容的推荐系统和情境感知推荐系统。在本章中，将简要回顾这些主题，然后继续向前推进，构建基于内容的推荐系统和情境感知推荐系统。

6.1 个性化推荐系统

在本章中，将了解两种个性化推荐系统：
❑ 基于内容的推荐系统
❑ 情境感知推荐系统

6.2 基于内容的推荐系统

构建协同过滤相对比较容易。第 5 章我们学习了构建协同过滤推荐系统。在构建这些系统时，我们只考虑了对产品的评级以及产品是否相似的信息。利用很少的信息，我们构建了系统。令许多人惊讶的是，这些系统表现得很好。但是这些系统有自己的局限性，如前面几章中解释过的冷起动问题。

假设某用户 Nick 对《Titanic》这部电影给了五星评级。那么促使 Nick 给出这个评级的是什么呢？可能是电影中的故事、演员、背景音乐或是电影剧本。对这些特征的偏好使得 Nick 为电影给出了评级。包含这些产品/特征的偏好内部信息会不会对构建推荐有帮助呢？

在协同过滤中，基本的假设是过去拥有相似喜好的人在将来也会拥有相似的喜好。如果我们更进一步思考，这个假设可能并不能应用于所有的情形。例如，如果我的邻居为恐怖电影《The Exorcist》给出了评级，但该电影并不应该推荐给我，原因是我更喜欢浪漫电影。我更应该被推荐浪漫类的《Titanic》。我会更乐意见到只基于我个人喜好和行为的推荐。商家已经从实现独立级的个性化推荐系统中发现了巨大的商机。

6.2.1 构建一个基于内容的推荐系统

在基于内容的推荐系统中,我们在构建推荐引擎时使用用户和项目的内容信息。一个典型的基于内容的推荐系统将执行以下步骤:

1. 生成用户画像。
2. 生成项目画像。
3. 生成推荐引擎模型。
4. 提出前 N 条推荐。

我们首先从可用信息中生成用户和项目画像。画像通常包含对项目特征和用户特征的偏好(参见第 3 章)。创建画像之后,我们选择一个方法构建推荐引擎模型。许多数据挖掘技术,如分类、文本相似度方法(如 TF-IDF 相似度)以及矩阵分解模型可用于构建基于内容的推荐引擎。

我们甚至可以使用多个推荐引擎模型并构建混合推荐引擎作为基于内容的推荐。下图描述了一个典型的基于内容的推荐。

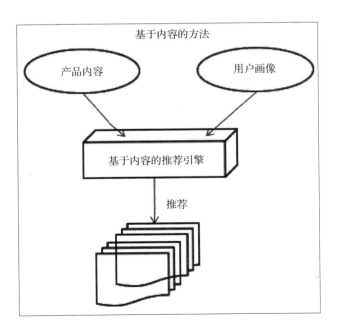

6.2.2 使用 R 语言构建基于内容的推荐

现在开始用 R 语言构建一个个性化的推荐引擎,我们选择 MovieLens 数据集来构建我们的系统。在 6.1 节我们重温了基于内容的推荐系统的概念。有多种方法可以构建个性化的推荐系统。在本节中，将使用多类分类方法来构建基于内容的推荐引擎。

利用分类方法，我们试图建立一个基于模型的推荐引擎。大多数推荐系统（协同过滤或基于内容的）都使用近邻方法。下面开始使用有监督的机器学习方法来构建推荐引擎。

在开始编写代码之前，我们先介绍构建个性化推荐系统的步骤。下图显示了为实现目标而采取的步骤。

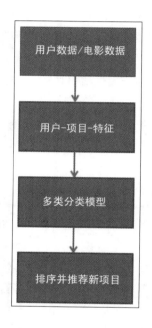

第一步是收集数据并将其导入编程环境中，以便可以进行后面的步骤。对于我们的用例，下载包含三组数据的 MovieLens 数据集，定义如下：
- 包含 userID、itemID、评级、时间戳的评级数据。
- 包含用户信息的用户数据，如 userID、年龄、性别、职业、邮政编码等。
- 包含特定电影信息的电影数据，如 movieID、发布日期、URL、分类信息等。

第二步是准备构建分类模型所需的数据。在此步骤中，提取所需的用户特征和类标签，以构建分类模型：
- 对于本示例，我们定义了用户给出的评级（1～5）作为类标签，如 1～3 级为 0，4～5 级为 1。基于此可以构建一个二分类模型。给出指定用户的输入特征，模型将预测分类标签，如下表所示。

MovieId	UserId	Rating	Gender	Occupation	Unknown	Action	Adventure	Animation	Children	Comedy	Crime
1	1	5	M	technician	0	0	0	1	1	1	0
1	117	4	M	student	0	0	0	1	1	1	0
1	429	3	M	student	0	0	0	1	1	1	0
1	919	4	M	other	0	0	0	1	1	1	0
1	457	4	F	salesman	0	0	0	1	1	1	0
1	468	5	M	engineer	0	0	0	1	1	1	0
1	17	4	M	programmer	0	0	0	1	1	1	0
1	892	5	M	other	0	0	0	1	1	1	0
1	16	5	M	entertainment	0	0	0	1	1	1	0
1	580	3	M	student	0	0	0	1	1	1	0
1	268	3	M	engineer	0	0	0	1	1	1	0
1	894	4	M	educator	0	0	0	1	1	1	0
1	535	3	F	educator	0	0	0	1	1	1	0

> **提示** 你可能想知道为什么选择二分类而不是多类分类。模型的选择权留给推荐系统的构建者。在本例中，对于我们选择的数据集，二分类比多类分类更合适。鼓励读者尝试多类分类，以增进理解。

 从用户数据和项目数据中选择用户人数统计和项目特征构成二分类模型的特征。通过包含用户评级的电影类型信息、用户个人信息（如年龄、性别、职业）等来扩展 User_item_rating 数据。在上图中可以看到最后的特征和类标签。

第三步是构建二分类模型。我们将选择随机森林算法来构建类。

第四步也是最后一个步骤是为用户生成前 N 个推荐。在本例中，选择一个测试用户并对他之前未评级过的电影的类别标签进行预测，然后发送前 N 个电影，我们的分类模型对这些电影预测的评级较高。

请注意，生成推荐数量的选择将留给用户。

在本节中使用 R 语言来实现前面提到的步骤，实现基于内容的推荐。

数据集描述

对于此练习，使用两个 MovieLens 数据集文件：一个是包含对第 943 到 1682 部电影的评级的评级文件，另一个是包含内容信息的项目数据集文件，内容信息即有关电影类型、电影名称、电影 ID、URL 等的信息。

> **提示** MovieLens 数据集可以从以下 URL 下载：
> http://grouplens.org/datasets/movielens/

使用 R 中的 read.csv() 函数将评级数据加载到 R 环境中：

```
raw_data = read.csv("~/udata.csv",sep="\t",header=F)
Adding column names to the dataframe
colnames(raw_data) = c("UserId","MovieId","Rating","TimeStamp")
```

此代码从 DataFrame 中删除最后一列：

```
ratings = raw_data[,1:3]
```

查看数据的前五行，我们使用 `head()` 函数如下：

```
head(ratings)
```

使用 `names()` 函数查看评级数据帧的列。
使用 `str()` 函数查看评级的描述。所有上述三个函数的结果如下：

```
> head(ratings)
  UserId MovieId Rating
1    196     242      3
2    186     302      3
3     22     377      1
4    244      51      2
5    166     346      1
6    298     474      4
> names(ratings)
[1] "UserId"  "MovieId" "Rating"
> str(ratings)
'data.frame':   100000 obs. of  3 variables:
 $ UserId : int  196 186 22 244 166 298 115 253 305 6 ...
 $ MovieId: int  242 302 377 51 346 474 265 465 451 86 ...
 $ Rating : int  3 3 1 2 1 4 2 5 3 3 ...
```

以下代码使用 R 中可用的 `read.csv()` 函数将项目数据加载到 R 环境中。

```
movies = read.csv("C:/Suresh/R&D/packtPublications/reco_engines/drafts/personalRecos/uitem.csv",sep="|",header=F)
```

接下来，将列添加到数据帧中：

```
colnames(movies) = c("MovieId","MovieTitle","ReleaseDate","VideoReleaseDate","IMDbURL","Unknown","Action","Adventure","Animation","Children","Comedy","Crime","Documentary","Drama","Fantasy","FilmNoir","Horror","Musical","Mystery","Romance","SciFi","Thriller","War","Western")
```

然后删除不需要的数据。对于此练习，仅保留类型信息：

```
movies = movies[,-c(2:5)]
View(movies)
```

MovieId	Unknown	Action	Adventure	Animation	Children	Comedy	Crime	Documentary	Drama	Fantasy	FilmNoir	Horror	Musical	Mystery	Romance	SciFi	Thriller
1	0	0	0	1	1	1	0	0	0	0	0	0	0	0	0	0	0
2	0	1	1	0	0	0	0	0	0	0	0	0	0	0	0	0	1
3	0	0	0	0	0	0	0	0	0	0	0	0	0	0	0	0	1
4	0	0	0	0	0	1	0	0	1	0	0	0	0	0	0	0	0
5	0	0	0	0	0	0	1	0	1	0	0	0	0	0	0	0	1
6	0	0	0	0	0	0	0	0	1	0	0	0	0	0	0	0	0
7	0	0	0	0	0	0	0	0	1	0	0	0	0	0	1	0	0
8	0	0	0	0	1	1	0	0	1	0	0	0	0	0	0	0	0
9	0	0	0	0	0	0	0	0	1	0	0	0	0	0	0	0	0
10	0	0	0	0	0	0	0	0	1	0	0	0	0	0	0	0	0
11	0	0	0	0	0	0	0	0	1	0	0	0	0	0	0	0	0
12	0	0	0	0	0	0	0	0	1	0	0	0	0	0	0	0	1
13	0	0	0	0	0	0	0	0	1	0	0	0	0	0	0	0	0
14	0	0	0	0	0	0	0	0	1	0	0	0	0	0	0	0	0
15	0	0	0	0	0	0	0	0	1	0	0	0	0	0	1	0	0
16	0	0	0	0	0	0	0	0	1	0	0	0	0	0	0	0	0
17	0	0	0	0	0	1	1	0	0	0	0	0	0	0	0	0	0

由 str(movies) 给出电影的描述。可以使用 names(movies) 函数查看列名：

```
> names(movies)
 [1] "MovieId"     "Unknown"     "Action"      "Adventure"   "Animation"   "Children"
 [7] "Comedy"      "Crime"       "Documentary" "Drama"       "Fantasy"     "FilmNoir"
[13] "Horror"      "Musical"     "Mystery"     "Romance"     "SciFi"       "Thriller"
[19] "War"         "Western"
> str(movies)
'data.frame':   1682 obs. of  20 variables:
 $ MovieId     : int  1 2 3 4 5 6 7 8 9 10 ...
 $ Unknown     : int  0 0 0 0 0 0 0 0 0 0 ...
 $ Action      : int  0 1 0 1 0 0 0 0 0 0 ...
 $ Adventure   : int  0 1 0 0 0 0 0 0 0 0 ...
 $ Animation   : int  1 0 0 0 0 0 0 0 0 0 ...
 $ Children    : int  1 0 0 0 0 0 0 1 0 0 ...
 $ Comedy      : int  1 0 0 1 0 0 0 1 0 0 ...
 $ Crime       : int  0 0 0 0 1 0 0 0 0 0 ...
 $ Documentary : int  0 0 0 0 0 0 0 0 0 0 ...
 $ Drama       : int  0 0 0 1 1 1 1 1 1 1 ...
 $ Fantasy     : int  0 0 0 0 0 0 0 0 0 0 ...
 $ FilmNoir    : int  0 0 0 0 0 0 0 0 0 0 ...
 $ Horror      : int  0 0 0 0 0 0 0 0 0 0 ...
 $ Musical     : int  0 0 0 0 0 0 0 0 0 0 ...
 $ Mystery     : int  0 0 0 0 0 0 0 0 0 0 ...
 $ Romance     : int  0 0 0 0 0 0 0 0 0 0 ...
 $ SciFi       : int  0 0 0 0 0 1 0 0 0 0 ...
 $ Thriller    : int  0 1 1 0 1 0 0 0 0 0 ...
 $ War         : int  0 0 0 0 0 0 0 0 0 1 ...
 $ Western     : int  0 0 0 0 0 0 0 0 0 0 ...
> 
```

下一步是创建客户的特征画像以构建分类模型。我们应该使用电影属性扩展包含 userID、movieID 和评级的评级数据帧。

在下面的代码中，使用 merge() 来执行连接函数以合并评级数据和项目数据：

```
ratings = merge(x = ratings, y = movies, by = "MovieId", all.x = TRUE)
View(ratings)
```

	MovieId	UserId	Rating	Unknown	Action	Adventure	Animation	Children	Comedy	Crime	Documentary	Drama	Fantasy	FilmNoir	Horror	Musical	Mystery	Romance
1	1	650	3	0	0	0	1	1	1	0	0	0	0	0	0	0	0	0
2	1	635	4	0	0	0	1	1	1	0	0	0	0	0	0	0	0	0
3	1	1	5	0	0	0	1	1	1	0	0	0	0	0	0	0	0	0
4	1	514	5	0	0	0	1	1	1	0	0	0	0	0	0	0	0	0
5	1	250	4	0	0	0	1	1	1	0	0	0	0	0	0	0	0	0
6	1	210	5	0	0	0	1	1	1	0	0	0	0	0	0	0	0	0
7	1	5	4	0	0	0	1	1	1	0	0	0	0	0	0	0	0	0
8	1	72	4	0	0	0	1	1	1	0	0	0	0	0	0	0	0	0
9	1	77	5	0	0	0	1	1	1	0	0	0	0	0	0	0	0	0
10	1	252	5	0	0	0	1	1	1	0	0	0	0	0	0	0	0	0
11	1	120	4	0	0	0	1	1	1	0	0	0	0	0	0	0	0	0
12	1	45	4	0	0	0	1	1	1	0	0	0	0	0	0	0	0	0
13	1	265	5	0	0	0	1	1	1	0	0	0	0	0	0	0	0	0
14	1	263	4	0	0	0	1	1	1	0	0	0	0	0	0	0	0	0
15	1	881	4	0	0	0	1	1	1	0	0	0	0	0	0	0	0	0

使用 name() 方法查看列名称：

```
> names(ratings)
 [1] "MovieId"   "UserId"    "Rating"    "unknown"   "Action"    "Adventure" "Animation" "Children"  "Comedy"    "Crime"     "Documentary"
[12] "Drama"     "Fantasy"   "FilmNoir"  "Horror"    "Musical"   "Mystery"   "Romance"   "SciFi"     "Thriller"  "War"       "Western"
> |
```

现在，为刚刚创建的画像的每个记录创建类标签。我们将为每个评级创建一个二分类标签，将 1～3 的评级标签设为 0，4～5 的评级设为 1。下面的代码将完成这种转换。使用 lapply() 函数来重塑评级：

以下代码负责数值评级到二分类变量的转换：

```
nrat = unlist(lapply(ratings$Rating,function(x)
{
  if(x>3) {return(1)}
  else {return(0)}
}))
```

接下来，使用 cbind() 将新创建的评级类别变量 nrat 与原始评级数据帧的评级组合起来：

```
ratings = cbind(ratings,nrat)
```

```
> head(ratings)
  MovieId UserId Rating Unknown Action Adventure Animation Children Comedy Crime Documentary Drama Fantasy FilmNoir Horror Musical Mystery Romance SciFi Thriller
1       1    650      3       0      0         0         1        1      1     0           0     0       0        0      0       0       0       0     0        0
2       1    635      4       0      0         0         1        1      1     0           0     0       0        0      0       0       0       0     0        0
3       1      1      5       0      0         0         1        1      1     0           0     0       0        0      0       0       0       0     0        0
4       1    514      5       0      0         0         1        1      1     0           0     0       0        0      0       0       0       0     0        0
5       1    250      4       0      0         0         1        1      1     0           0     0       0        0      0       0       0       0     0        0
6       1    210      5       0      0         0         1        1      1     0           0     0       0        0      0       0       0       0     0        0
  War Western nrat
1   0       0    0
2   0       0    1
3   0       0    1
4   0       0    1
5   0       0    1
6   0       0    1
>
```

在上图中，可以观察到新的评级二元类 nrat。

现在，查看将使用 apply() 函数进入模型构建阶段的变量，方法是将 table() 应用于每个列，如下所示：

```
apply(ratings[,-c(1:3,23)],2,function(x)table(x))
```

```
> apply(ratings[,-c(1:3,23)],2,function(x)table(x))
  Unknown Action Adventure Animation Children Comedy Crime Documentary Drama Fantasy FilmNoir Horror Musical Mystery Romance SciFi Thriller   War Western
0   99990  74411     86247     96395    92818  70168 91945       99242 60105   98648    98267  94683   95046   94755   80539 87270    78128 90602   98146
1      10  25589     13753      3605     7182  29832  8055         758 39895    1352     1733   5317    4954    5245   19461 12730    21872  9398    1854
>
```

从以上结果可以看出，与 1 的数量相比，0 的数量非常多。因此从特征列表中删除这个变量。此外也删除评级变量，因为我们已经创建了一个新的变量 nrat：

```
scaled_ratings = ratings[,-c(3,4)]
```

在构建模型之前，将通过 R 中可用的 scale() 函数标准化或中心化数据，如下面的代码片段所示。标准化将调整不同尺寸的数据为常规尺寸。scale() 将通过在每个对应列中删除列平均以应用中心化：

```
scaled_ratings=scale(scaled_ratings[,-c(1,2,21)])
scaled_ratings = cbind(scaled_ratings,ratings[,c(1,2,23)])
```

```
> head(scaled_ratings)
       Action  Adventure Animation Children  Comedy     Crime Documentary       Drama   Fantasy  FilmNoir    Horror  Musical   Mystery   Romance     SciFi
1  -0.5864161 -0.3993232  5.170975 3.594937 1.53365 -0.2959828 -0.08739462 -0.8147076 -0.117069 -0.1327985 -0.236971 -0.2283016 -0.2352716 -0.4915609 -0.3819263
2  -0.5864161 -0.3993232  5.170975 3.594937 1.53365 -0.2959828 -0.08739462 -0.8147076 -0.117069 -0.1327985 -0.236971 -0.2283016 -0.2352716 -0.4915609 -0.3819263
3  -0.5864161 -0.3993232  5.170975 3.594937 1.53365 -0.2959828 -0.08739462 -0.8147076 -0.117069 -0.1327985 -0.236971 -0.2283016 -0.2352716 -0.4915609 -0.3819263
4  -0.5864161 -0.3993232  5.170975 3.594937 1.53365 -0.2959828 -0.08739462 -0.8147076 -0.117069 -0.1327985 -0.236971 -0.2283016 -0.2352716 -0.4915609 -0.3819263
5  -0.5864161 -0.3993232  5.170975 3.594937 1.53365 -0.2959828 -0.08739462 -0.8147076 -0.117069 -0.1327985 -0.236971 -0.2283016 -0.2352716 -0.4915609 -0.3819263
6  -0.5864161 -0.3993232  5.170975 3.594937 1.53365 -0.2959828 -0.08739462 -0.8147076 -0.117069 -0.1327985 -0.236971 -0.2283016 -0.2352716 -0.4915609 -0.3819263
    Thriller        War    Western MovieId UserId nrat
1 -0.5291012 -0.3220673 -0.137441       1    650    0
2 -0.5291012 -0.3220673 -0.137441       1    635    1
3 -0.5291012 -0.3220673 -0.137441       1      1    1
4 -0.5291012 -0.3220673 -0.137441       1    514    1
5 -0.5291012 -0.3220673 -0.137441       1    250    1
6 -0.5291012 -0.3220673 -0.137441       1    210    1
```

现在使用随机森林算法构建二分类模型。在此之前，将数据分为训练集（80%）和测试集（20%）。

以下代码将首先创建所有数据的随机化索引对象。然后，我们使用这些索引来划分训练集和测试集。

```
set.seed(7)
which_train <- sample(x = c(TRUE, FALSE), size = nrow(scaled_ratings),
                      replace = TRUE, prob = c(0.8, 0.2))
model_data_train <- scaled_ratings[which_train, ]
model_data_test <- scaled_ratings[!which_train, ]
```

```
> dim(model_data_test)
[1] 19955    21
> dim(model_data_train)
[1] 80045    21
```

现在，使用随机森林算法构建模型。

 在下面的代码片段中，将整型 nrat 变量转换为因子格式。

```
library(randomForest)
fit = randomForest(as.factor(nrat)~., data = model_data_train[,-c(19,20)])
```

可以查看模型构建的细节，输入 fit 查看拟合信息：

```
> fit
Call:
 randomForest(formula = as.factor(nrat) ~ ., data = model_data_train[,      -c(19, 20)])
               Type of random forest: classification
                     Number of trees: 500
No. of variables tried at each split: 4

        OOB estimate of  error rate: 39.98%
Confusion matrix:
      0     1 class.error
0 14390 21315   0.5969752
1 10686 33654   0.2410014
```

在前面的代码片段中，使用了默认值的 randomforest() 方法。对于随机森林，有两个参数可以调优以获得最佳性能。mtry 是每棵树分裂的样本数量，ntree 是要生长的决策树数量。使用参数调优和交叉验证方法，我们可以选择最优的参数。

还可以使用 summary() 查看模型总结，如下所示：

```
> summary(fit)
                Length Class  Mode
call                 3 -none- call
type                 1 -none- character
predicted        80045 factor numeric
err.rate          1500 -none- numeric
confusion            6 -none- numeric
votes           160090 matrix numeric
oob.times        80045 -none- numeric
classes              2 -none- character
importance          18 -none- numeric
importanceSD         0 -none- NULL
localImportance      0 -none- NULL
proximity            0 -none- NULL
ntree                1 -none- numeric
mtry                 1 -none- numeric
forest              14 -none- list
y                80045 factor numeric
test                 0 -none- NULL
inbag                0 -none- NULL
terms                3 terms  call
```

现在，来看看模型在测试集上的表现：

```
predictions <- predict(fit, model_data_test[,-c(19,20,21)], type="class")
```

```
> predictions[0:20]
  1   8  19  23  24  25  29  36  39  45  48  49  50  73  80  81  82  93  99 107
  1   1   1   1   1   1   1   1   1   1   1   1   1   1   1   1   1   1   1   1
Levels: 0 1
>
```

使用精确率和召回率方法评估模型：

```
#building confusion matrix
cm = table(predictions,model_data_test$nrat)
(accuracy <- sum(diag(cm)) / sum(cm))
(precision <- diag(cm) / rowSums(cm))
recall <- (diag(cm) / colSums(cm))
```

```
> cm
predictions    0    1
          0 3541 2738
          1 5379 8297
> (accuracy <- sum(diag(cm)) / sum(cm))
[1] 0.5932348
> (precision <- diag(cm) / rowSums(cm))
        0         1
0.5639433 0.6066832
> recall <- (diag(cm) / colSums(cm))
> recall
        0         1
0.3969731 0.7518804
>
```

前面的结果值得庆幸地有 60% 的精确率和 75% 的召回率。现在，通过执行以下步骤，为 user ID（943）生成前 N 条推荐：

1.创建一个包含所有未被活跃用户评级的电影的数据帧（在这里活跃用户 ID 为：943）。

```
#extract distinct movieids
totalMovieIds = unique(movies$MovieId)
#see the sample movieids using tail() and head() functions:
```

```
> head(totalMovieIds)
[1] 1 2 3 4 5 6
> tail(totalMovieIds)
[1] 1677 1678 1679 1680 1681 1682
>
```

```
#a function to generate dataframe which creates non-rated
  movies by active user and set rating to 0;
nonratedmoviedf = function(userid){
```

```
    ratedmovies = raw_data[raw_data$UserId==userid,]$MovieId
    non_ratedmovies = totalMovieIds[!totalMovieIds %in%
      ratedmovies]
     df = data.frame(cbind(rep(userid),non_ratedmovies,0))
     names(df) = c("UserId","MovieId","Rating")
     return(df)
}

#let's extract non-rated movies for active userid 943
activeusernonratedmoviedf = nonratedmoviedf(943)
```

```
> head(activeusernonratedmoviedf)
  UserId MovieId Rating
1    943       1      0
2    943       3      0
3    943       4      0
4    943       5      0
5    943       6      0
6    943       7      0
>
```

2. 为此活跃用户数据帧构建画像：

```
activeuserratings = merge(x = activeusernonratedmoviedf, y =
  movies, by = "MovieId", all.x = TRUE)
```

```
> head(activeuserratings)
  MovieId UserId Rating Unknown Action Adventure Animation Children Comedy Crime Documentary Drama Fantasy FilmNoir Horror Musical Mystery Romance SciFi Thriller
1       1    943      0       0      0         0         1        1      1     0           0     0       0        0      0       0       0       0     0        0
2       3    943      0       0      0         0         0        0      1     0           0     0       0        0      0       0       0       0     0        1
3       4    943      0       0      1         0         0        0      1     0           0     1       0        0      0       0       0       0     0        0
4       5    943      0       0      0         0         0        0      0     1           0     1       0        0      0       0       0       0     0        1
5       6    943      0       0      0         0         0        0      0     0           0     1       0        0      0       0       0       0     0        0
6       7    943      0       0      0         0         0        0      0     0           0     1       0        0      0       0       0       1     0        0
  War Western
1   0       0
2   0       0
3   0       0
4   0       0
5   0       0
6   0       0
>
```

3. 预测评级，排序并生成 10 条推荐：

```
#use predict() method to generate predictions for movie ratings
  by the active user profile created in the previous step.
predictions <- predict(fit, activeuserratings[,-c(1:4)],
   type="class")
#creating a dataframe from the results
recommend = data.frame(movieId =
   activeuserratings$MovieId,predictions)
#remove all the movies which the model has predicted as 0 and
   then we can use the remaining items as more probable movies
    which might be liked by the active user.
recommend = recommend[which(recommend$predictions == 1),]
```

在此步骤中，我们完成了扩展并改进使用分类模型构建的基于内容的推荐引擎。在进入下一节之前，需要明确指出的是，对模型和类标签特征的选择以对模型进行扩展或改进取决于读者。

正如前面提到的，我们还应该使用交叉验证方法来选择最优的参数，以提高模型的准确率。

6.2.3 使用 Python 语言构建基于内容的推荐

在 6.2.2 节中，我们使用 R 构建了一个基于模型的内容推荐引擎，接下来将使用另一种方法构建内容推荐，使用 Python 的 `sklearn`、`NumPy` 和 `pandas` 包。

回顾一下在本章开头讨论的构建基于内容的系统的步骤：

1. 生成项目画像
2. 生成用户画像
3. 生成推荐引擎模型
4. 生成前 N 条推荐

在本节中，将详细学习如何使用 Python 根据上述步骤构建基于内容的推荐引擎。该方法的设计如下图所示。

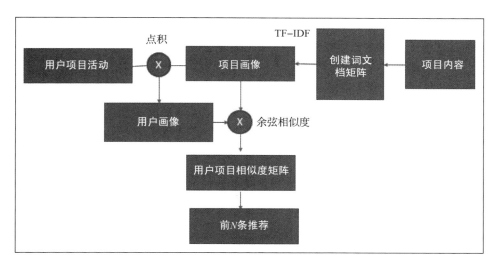

- **项目画像创建**：在此步骤中，使用项目的内容信息为每个项目创建一个画像。项目画像通常使用被广泛使用的信息检索技术 IF-IDF 构建。我们在第 4 章进行了详细解释。回顾一下，TF-IDF 值给出了与所有项目或文档相关的特征的相对重要性。

- **用户画像创建**：在此步骤中，使用用户活动数据集并将数据预处理成适当的格式以创建用户画像。在基于内容的推荐系统中，用户画像是根据项目内容创建的，也就是说，必须提取或计算用户对项目内容或项目特征的偏好。通常，用户画像会通过用户活动和项目画像的点积得到。

- **推荐引擎模型生成**：现在有了用户画像和项目画像，我们将着手构建一个推荐模型。计算用户画像和项目画像之间的余弦相似度，可以得到用户对每个项目的相关性。
- **前 N 条推荐生成**：在最后一步中，我们将根据前面步骤中计算的值对用户 – 项目偏好进行排序，然后生成前 N 条推荐。

现在开始使用 Python 实现上述步骤。

1. 数据集描述

在本节中，会使用 Anonymous Microsoft Web Dataset 来构建基于内容的推荐系统。本节的目标是根据活跃用户之前的网页浏览历史为其推荐网站。

该数据集是 38 000 个匿名用户访问 www.microsoft.com 的 Web 日志。对于每位用户，数据集包括所有一个星期内用户访问的网站的数据列表。

数据集可以从以下 URL 下载：

https://archive.ics.uci.edu/ml/datasets/Anonymous+Microsoft+Web+Data

为了简单起见，从现在开始，我们将使用术语"项目"来表示网站区域。有 5 000 位用户，他们由 10 001 ~ 15 000 之间的数字顺序表示。项目由 1 000 ~ 1 297 之间的数字表示，即使它们总数小于 298。

数据集是非结构化的文本文件。每个记录包含 2 ~ 6 个字段。第一个字段是定义记录所包含内容的字母。

第一列实例记录后面跟着用户 ID 或实例 ID（userID/caseID）；第三列包含 userID 及对网站区域的投票；第四列包含网站区域的描述；第五列由网站区域的 URL 组成。

以下图像显示了原始数据的一小部分。

```
I,4,"www.microsoft.com","created by getlog.pl"
T,1,"VRoot",0,0,"VRoot"
N,0,"0"
N,1,"1"
T,2,"Hide1",0,0,"Hide"
N,0,"0"
N,1,"1"
A,1277,1,"NetShow for PowerPoint","/stream"
A,1253,1,"MS Word Development","/worddev"
A,1109,1,"TechNet (World Wide Web Edition)","/technet"
A,1038,1,"SiteBuilder Network Membership","/sbnmember"
```

```
A,1205,1,"Hardware Supprt","/hardwaresupport"
A,1076,1,"NT Workstation Support","/ntwkssupport"
A,1100,1,"MS in Education","/education"
A,1229,1,"Uruguay","/uruguay"
A,1172,1,"Belgium","/belgium"
A,1173,1,"Microsoft OnLine Institute","/moli"
A,1283,1,"Cinemainia","/cinemania"
A,1167,1,"Windows Hardware Testing","/hwtest"
A,1290,1,"Activate the Internet Conference","/devmovies"
A,1193,1,"Office Developer Support","/offdevsupport"
A,1153,1,"Venezuela","/venezuela"
A,1013,1,"Visual Basic Support","/vbasicsupport"
A,1241,1,"India","/india"
A,1169,1,"MS Project","/msproject"
A,1260,1,"Exchange Trial","/trial"
A,1063,1,"Intranet Strategy","/intranet"
A,1252,1,"Community Affairs","/giving"
```

我们的目标是向每位访问网站的用户推荐一些其尚未访问的区域。

以下是用于此练习的软件包列表：

```
import pandas as pd
import numpy as np
import scipy
import sklearn
```

加载数据：

```
path = "~/anonymous-msweb.test.txt"
import pandas as pd
```

使用 pandas 包中的 read.csv() 函数读取数据：

```
raw_data = pd.read_csv(path,header=None,skiprows=7)
raw_data.head()
```

```
In [2]: raw_data.head()
Out[2]:
   0    1    2                3                              4
0  A  1277  1      NetShow for PowerPoint              /stream
1  A  1253  1         MS Word Development             /worddev
2  A  1109  1  TechNet (World Wide Web Edition)        /technet
3  A  1038  1     SiteBuilder Network Membership      /sbnmember
4  A  1205  1              Hardware Supprt       /hardwaresupport
```

分析更多的样本数据，以便有一个更清晰的概念：

```
In [6]: raw_data
Out[6]:
           0      1      2                                        3                 4
0          A   1277      1              NetShow for PowerPoint            /stream
1          A   1253      1                  MS Word Development           /worddev
2          A   1109      1        TechNet (World Wide Web Edition)        /technet
3          A   1038      1            SiteBuilder Network Membership     /sbnmember
4          A   1205      1                     Hardware Supprt          /hardwaresupport
5          A   1076      1                 NT Workstation Support        /ntwkssupport
6          A   1100      1                    MS in Education              /education
7          A   1229      1                         Uruguay                 /uruguay
8          A   1172      1                         Belgium                 /belgium
9          A   1173      1              Microsoft OnLine Institute          /moli
10         A   1283      1                       Cinemainia               /cinemania
11         A   1167      1               Windows Hardware Testing           /hwtest
12         A   1290      1           Activate the Internet Conference     /devmovies
...       ..    ...    ...                                      ...              ...
20455      V   1004      1                                      NaN              NaN
20456      C  14992  14992                                      NaN              NaN
20457      V   1001      1                                      NaN              NaN
20458      V   1034      1                                      NaN              NaN
20459      V   1004      1                                      NaN              NaN
20460      C  14993  14993                                      NaN              NaN
20461      V   1010      1                                      NaN              NaN
20462      V   1004      1                                      NaN              NaN
20463      C  14994  14994                                      NaN              NaN
```

我们可以从上图中观察到以下几点：

❑ 第一列包含三种类型的值：A／V／C，其中 A 表示实例 ID，V 表示用户，C 表示用户访问的实例 ID。

❑ 第二列包含代表用户和项目的 ID。

❑ 第三列包含网站区域的描述。

❑ 第四列包含网站上网站区域的 URL。

为了创建项目画像，我们要用到第一列中包含 A 的行，同时，为了创建用户活动或数据集，我们需要使用第一列中不包含 A 的行。

开始生成画像。

在开始之前，我们必须格式化用户活动数据。以下部分说明如何创建用户活动数据集。

2. 用户活动

本节会创建一个用户项目评级矩阵，其中行表示用户，列表示项目，单元格中为具体值。这里的值为 0 或 1，如果用户访问了页面，则为 1，否则为 0：

首先，我们只筛选第一列中不包含"A"的记录：

```
user_activity = raw_data.loc[raw_data[0] != "A"]
```

接下来，我们分配随后要从数据集中删除的不需要的列：

```
user_activity = user_activity.loc[:, :1]
```

为 user_activity 数据帧的列分配名称：

```
user_activity.columns = ['category','value']
```

以下代码显示了 user_activity 数据示例：

```
In [85]: user_activity.head(15)
Out[85]:
     category  value
294         C  10001
295         V   1038
296         V   1026
297         V   1034
298         C  10002
299         V   1008
300         V   1056
301         V   1032
302         C  10003
303         V   1064
304         V   1065
305         V   1020
306         V   1007
307         V   1038
308         V   1026
```

要获取数据集中总的唯一 webid，请参见以下代码：

```
len(user_activity.loc[user_activity['category'] =="V"].value.unique())
Out[73]: 236
```

要获取唯一用户计数，参见以下代码：

```
len(user_activity.loc[user_activity['category'] =="C"].value.unique())
Out[74]: 5000
```

现在，运行以下代码来创建一个用户项目评级矩阵，如下所示：

首先，分配变量：

```
tmp = 0
nextrow = False
```

然后，获取数据集的最后一个索引：

```
lastindex = user_activity.index[len(user_activity)-1]
lastindex
Out[77]: 20484
```

for 循环代码通过循环每个记录，将新列 userid、webid 添加到 user_activity 数据帧，数据帧显示 userid 和相应的网页活动：

```
for index,row in user_activity.iterrows():
    if(index <= lastindex ):
        if(user_activity.loc[index,'category'] == "C"):
            tmp = 0
            userid = user_activity.loc[index,'value']
            user_activity.loc[index,'userid'] = userid
            user_activity.loc[index,'webid'] = userid
            tmp = userid
            nextrow = True
        elif(user_activity.loc[index,'category'] != "C" and nextrow == True):
            webid = user_activity.loc[index,'value']
            user_activity.loc[index,'webid'] = webid
            user_activity.loc[index,'userid'] = tmp
            if(index != lastindex and user_activity.loc[index+1,'category'] == "C"):
                nextrow = False
                caseid = 0
```

```
In [102]: user_activity.head(30)
Out[102]:
     category  value   userid   webid
294         C  10001  10001.0  10001.0
295         V   1038  10001.0   1038.0
296         V   1026  10001.0   1026.0
297         V   1034  10001.0   1034.0
298         C  10002  10002.0  10002.0
299         V   1008  10002.0   1008.0
300         V   1056  10002.0   1056.0
301         V   1032  10002.0   1032.0
302         C  10003  10003.0  10003.0
303         V   1064  10003.0   1064.0
304         V   1065  10003.0   1065.0
305         V   1020  10003.0   1020.0
306         V   1007  10003.0   1007.0
307         V   1038  10003.0   1038.0
308         V   1026  10003.0   1026.0
309         V   1052  10003.0   1052.0
310         V   1041  10003.0   1041.0
311         V   1028  10003.0   1028.0
312         C  10004  10004.0  10004.0
313         V   1004  10004.0   1004.0
314         C  10005  10005.0  10005.0
315         V   1017  10005.0   1017.0
316         V   1156  10005.0   1156.0
317         V   1004  10005.0   1004.0
318         V   1018  10005.0   1018.0
319         V   1008  10005.0   1008.0
320         V   1027  10005.0   1027.0
321         V   1009  10005.0   1009.0
322         V   1046  10005.0   1046.0
323         V   1038  10005.0   1038.0
```

接下来，从前面的数据帧中删除不需要的行，即在 category 列中删除包含 "C" 的行：

```
user_activity = user_activity[user_activity['category'] == "V" ]
```

```
In [104]: user_activity.head()
Out[104]:
    category  value  userid   webid
295        V   1038  10001.0  1038.0
296        V   1026  10001.0  1026.0
297        V   1034  10001.0  1034.0
299        V   1008  10002.0  1008.0
300        V   1056  10002.0  1056.0
```

将列分组，并删除前两个列，因为我们不再需要它们：

```
user_activity = user_activity[['userid','webid']]
```

接下来，通过 webid 对数据进行排序，这是为了确保生成的评级矩阵格式良好：

```
user_activity_sort = user_activity.sort('webid', ascending=True)
```

现在，使用以下代码创建一个包含 user_item_rating 的稠密二元评级矩阵。首先，我们得到 webid 列的大小：

```
sLength = len(user_activity_sort['webid'])
```

然后，添加一个新列 'rating' 到仅包含 1 的 user_activity 数据帧。

```
user_activity_sort['rating'] = pd.Series(np.ones((sLength,)),
index=user_activity.index)
```

接下来，我们使用 pivot 方法创建二元评级矩阵：

```
ratmat = user_activity_sort.pivot(index='userid', columns='webid',
values='rating').fillna(0)
```

最后，我们创建一个稠密矩阵：

```
ratmat = ratmat.to_dense().as_matrix()
```

3. 生成项目画像

在本节中，会从初始行数据（raw_data）创建项目画像。要创建项目数据，考虑在第一列中包含 A 的数据。

首先，筛选出第一列中所有包含"A"的记录。

```
items = raw_data.loc[raw_data[0] == "A"]
```

然后，将列命名如下：

```
items.columns = ['record','webid','vote','desc','url']
```

要生成项目画像，只需要两列，因此将数据帧切片如下：

```
items = items[['webid','desc']]
```

要查看项目的维度，将数据帧如下表示：

```
items.shape
Out[12]: (294, 2)
```

我们观察到数据集中有 294 个唯一的 webid。

要检查数据的示例，使用以下代码：

```
Items.head()
```

```
In [13]: items.head()
Out[13]:
    webid                         desc
0    1277           NetShow for PowerPoint
1    1253              MS Word Development
2    1109    TechNet (World Wide Web Edition)
3    1038      SiteBuilder Network Membership
4    1205                    Hardware Supprt
```

要检查唯一 webid 的计数，使用以下代码：

```
items['webid'].unique().shape[0]
Out[117]: 294
```

我们也可以只查看在 user_activity 数据中存在的那些 webid：

```
items2 = items[items['webid'].isin(user_activity['webid'].tolist())]
```

可以使用以下代码检查对象的类型：

```
type(items2)
Out[123]: pandas.core.frame.DataFrame
```

我们还可以通过 webid 对数据进行排序：

items_sort = items2.sort('webid', ascending=True)

使用 head(5) 函数查看我们的成果：

```
In [122]: items_sort.head(5)
Out[122]:
     webid                    desc
113   1000                  regwiz
40    1001          Support Desktop
278   1002    End User Produced View
102   1003           Knowledge Base
243   1004       Microsoft.com Search
```

现在使用 sklearn 包中的 tf-idf 函数创建项目画像。为了生成 tf-idf，我们使用 TfidfVectorizer().fit_transform() 方法位于 sklearn 包中。下面的代码显示了如何创建 tf-idf。

在下面的代码中，要包括的特征数量的选择取决于数据集，并且可以通过交叉验证方法选择最佳特征数量：

```
from sklearn.feature_extraction.text import TfidfVectorizer
v = TfidfVectorizer(stop_words ="english",max_features = 100,ngram_range=
(0,3),sublinear_tf =True)
x = v.fit_transform(items_sort['desc'])
itemprof = x.todense()
```

```
In [128]: itemprof
Out[128]:
matrix([[ 1.        , 0.        , 0.        , ..., 0.        ,
          0.        , 0.        ],
        [ 0.32213709, 0.        , 0.        , ..., 0.        ,
          0.        , 0.        ],
        [ 0.43709646, 0.        , 0.        , ..., 0.        ,
          0.        , 0.        ],
        ...,
        [ 0.38159493, 0.        , 0.        , ..., 0.        ,
          0.        , 0.        ],
        [ 0.30073274, 0.        , 0.        , ..., 0.        ,
          0.        , 0.        ],
        [ 0.36402686, 0.        , 0.        , ..., 0.        ,
          0.        , 0.        ]])
```

4. 生成用户画像

我们现在有了项目画像和用户活动。这两个矩阵之间的点积将创建一个新的矩阵，维数等于用户的项目特征。

要计算用户活动和项目画像之间的点积，使用 scipy 包中的方法（如 linalg）。

运行以下代码计算点积：

```
#user profile creation
from scipy import linalg, dot
userprof = dot(ratmat,itemprof)/linalg.norm(ratmat)/linalg.norm(itemprof)

userprof
```

```
In [130]: userprof
Out[130]:
matrix([[ 0.00062937,  0.        ,  0.        , ...,  0.        ,
          0.        ,  0.        ],
        [ 0.00089668,  0.        ,  0.        , ...,  0.        ,
          0.        ,  0.        ],
        [ 0.00144708,  0.        ,  0.        , ...,  0.        ,
          0.        ,  0.        ],
        ...,
        [ 0.00046412,  0.        ,  0.        , ...,  0.        ,
          0.        ,  0.        ],
        [ 0.00067229,  0.        ,  0.        , ...,  0.        ,
          0.        ,  0.        ],
        [ 0.00079067,  0.        ,  0.        , ...,  0.        ,
          0.        ,  0.        ]])

In [131]: userprof.shape
Out[131]: (5000, 100)
```

推荐引擎模型中的最后一步是计算项目的活跃用户偏好。为此，我们在用户画像和项目画像之间求余弦相似度。

要计算余弦相似度，可以使用 sklearn 包。以下代码会计算 cosine_similarity：

```
import sklearn.metrics
similarityCalc = sklearn.metrics.pairwise.cosine_similarity(userprof,
itemprof, dense_output=True)
```

可以看到上述计算结果如下：

```
In [138]: similarityCalc
Out[138]:
array([[ 0.54168902,  0.17449812,  0.23677035, ...,  0.20670579,
         0.16290362,  0.19718935],
       [ 0.78844617,  0.25398775,  0.34462703, ...,  0.30086706,
         0.23711158,  0.28701558],
       [ 0.63172381,  0.20350167,  0.27612424, ...,  0.29413451,
         0.18998003,  0.22996444],
       ...,
```

```
        [ 0.56969503,  0.1835199 ,  0.24901168, ...,  0.21739274,
          0.17132595,  0.20738429],
        [ 0.49394733,  0.15911875,  0.21590263, ...,  0.1884878 ,
          0.14854613,  0.17981009],
        [ 0.86518334,  0.27870764,  0.37816858, ...,  0.33014958,
          0.26018896,  0.31494998]])

In [139]: similarityCalc.shape
Out[139]: (5000, 236)

In [140]:
```

现在，将前面的结果格式化为二元数据（0，1），如下所示。

首先，我们将评级转换为二元格式：

`final_pred= np.where(similarityCalc>0.6, 1, 0)`

然后我们检查前三个用户的最终预测：

```
In [141]: final_pred[1]

In [141]: Out[141]:
array([1, 0, 0, 1, 0, 1, 1, 0, 1, 0, 0, 0, 0, 0, 0, 0, 0, 0, 1, 0, 0, 0, 0,
       1, 0, 0, 0, 0, 0, 0, 0, 0, 1, 0, 0, 0, 0, 0, 0, 0, 0, 0, 1, 0, 1,
       0, 0, 0, 0, 0, 0, 1, 0, 0, 0, 1, 0, 1, 1, 0, 1, 0, 0, 0, 1, 0, 0,
       0, 1, 0, 1, 0, 0, 0, 0, 0, 1, 1, 0, 0, 0, 1, 0, 1, 0, 0, 1, 0, 0,
       0, 1, 0, 0, 0, 1, 0, 0, 0, 0, 1, 1, 1, 0, 0, 0, 1, 0, 0, 1, 0, 0,
       0, 0, 0, 1, 0, 1, 0, 1, 0, 0, 0, 0, 0, 0, 0, 1, 0, 0, 0, 1, 1, 1,
       0, 0, 0, 0, 0, 1, 0, 0, 0, 1, 1, 0, 1, 0, 0, 0, 0, 0, 0, 1, 1,
       0, 0, 0, 0, 1, 0, 1, 0, 0, 0, 1, 1, 0, 1, 1, 0, 0, 0, 0, 1, 0, 1,
       0, 0, 1, 1, 0, 1, 0, 0, 1, 0, 1, 0, 1, 1, 0, 0, 0, 0, 0, 1, 1, 0,
       0, 0, 1, 0, 0, 0, 1, 0, 0, 0, 0, 0, 1, 1, 0, 0, 0, 0, 1, 1, 0, 0,
       1, 0, 0, 0, 0, 0])

In [142]: final_pred[2]
Out[142]:
array([1, 0, 0, 1, 0, 1, 1, 0, 0, 0, 0, 0, 0, 0, 0, 0, 0, 0, 1, 0, 1, 0, 0,
       1, 0, 0, 0, 0, 0, 0, 0, 0, 0, 0, 0, 0, 1, 0, 0, 0, 0, 1, 0, 1,
       0, 0, 0, 0, 0, 1, 0, 0, 1, 0, 1, 1, 0, 1, 0, 0, 0, 0, 1, 0, 0, 0,
       0, 1, 0, 1, 0, 0, 0, 0, 0, 1, 1, 0, 0, 1, 0, 1, 0, 0, 0, 0, 0, 0,
       0, 1, 0, 0, 0, 1, 0, 0, 0, 1, 1, 1, 0, 0, 0, 0, 1, 0, 0, 1, 0, 0,
       0, 0, 0, 1, 0, 1, 0, 1, 0, 0, 0, 0, 0, 0, 0, 1, 0, 0, 0, 1, 1, 1,
       0, 0, 0, 0, 0, 1, 0, 0, 0, 1, 1, 0, 1, 0, 0, 0, 0, 0, 0, 1, 1,
       0, 0, 0, 0, 1, 0, 1, 0, 0, 0, 1, 1, 0, 1, 1, 0, 0, 0, 0, 1, 0, 1,
       0, 0, 1, 1, 0, 1, 0, 0, 1, 0, 1, 0, 1, 1, 0, 0, 0, 0, 0, 1, 1, 0,
       0, 0, 1, 0, 0, 0, 1, 0, 0, 0, 0, 0, 1, 1, 0, 0, 0, 0, 1, 1, 0, 0,
       1, 0, 0, 0, 0, 0])

In [143]: final_pred[3]
Out[143]:
array([0, 0, 0, 0, 1, 0, 0, 0, 0, 0, 0, 0, 0, 0, 0, 0, 0, 0, 0, 0, 0, 0, 0,
       0, 0, 0, 0, 0, 0, 0, 0, 0, 0, 0, 0, 0, 0, 0, 0, 0, 0, 0, 0, 0, 0,
       0, 0, 0, 0, 0, 0, 0, 0, 0, 0, 0, 0, 0, 0, 0, 0, 0, 0, 0, 0, 0, 0,
       0, 0, 0, 0, 0, 0, 0, 0, 0, 0, 0, 0, 0, 0, 0, 0, 0, 0, 0, 0, 0, 0,
```

从前面的结果中删除 0 值将给出可推荐给用户的可能项目列表。

对于用户 213，推荐的项目生成如下：

```
indexes_of_user = np.where(final_pred[213] == 1)
```

在前面的代码中，我们为活跃用户 213 生成的推荐结果为：

```
In [145]: indexes_of_user
Out[145]: (array([  9,  37,  68, 152], dtype=int64),)
```

6.3 情境感知推荐系统

下一种我们将在这里学习的个性化推荐系统是情境感知推荐系统。这些推荐系统是下一代推荐系统，属于超个性化类别。人类的需求天生就是无法被满足的，我们得到的越多，想要的就越多。虽然基于内容的推荐系统是高效的，针对个人层次，并考虑了用户的个人偏好，但在构建推荐引擎时，人们希望推荐引擎更加个性化。例如，独自旅行的人可能需要一本书来阅读，而当他与朋友一起旅行时可能就需要啤酒。同样，如果他和自己的家人一起旅行，可能就需要尿布、药、零食等。人在不同时间、不同地点以及与不同的人在一起有不同的需求。我们的推荐系统应该足够健壮以处理这些场景。这种基于当前情境为同一个人生成不同推荐的超个性化的推荐系统，被称为情境感知推荐系统。

6.3.1 构建情境感知推荐系统

构建一个情境感知推荐系统类似于扩展基于内容的推荐系统。通常涉及在基于内容的推荐系统上添加情境维度，如下图所示：

在下图中，我们可以观察到在基于内容的推荐引擎模型之上添加了情境维度，然后生成推荐。正如我们在第 3 章中所讨论的，构建情境感知推荐引擎有两种流行的方法：

- 前置过滤法
- 后置过滤法

在本节中，我们将使用后置过滤法构建情境感知推荐系统。

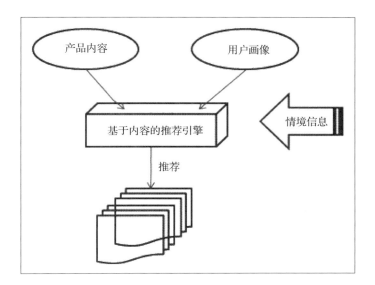

6.3.2 使用 R 语言构建情境感知推荐

在 6.2 节中，我们构建了一个基于内容的推荐引擎。在本节中，我们将扩展前面的模型，加入情境信息，并生成一个情境感知推荐引擎。

构建情境感知系统的通常做法是在基于内容的推荐中增加时间维度。

工作流如下图所示。

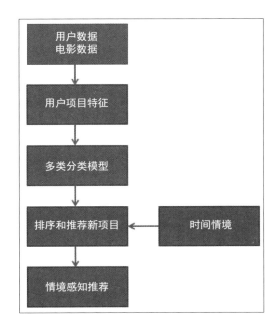

使用 R 构建情境感知系统的步骤如下所示：

1. 定义情境。
2. 创建针对项目内容的用户情境画像。
3. 为情境生成推荐。

1. 定义情境

第一步是定义我们将考虑进推荐的情境。在 6.2 节中，我们使用了 MovieLens 数据集构建基于内容的推荐引擎。在数据集的评级数据中，我们有一个时间成分，即时间戳。我们将在情境感知推荐系统使用这个变量。

我们将扩展构建基于内容的推荐时使用的 R 语言代码。

加载完整的 MovieLens 评级数据集：

```
raw_data = 
read.csv("C:/Suresh/R&D/packtPublications/reco_engines/drafts/personalRecos/udata.csv",sep="\t",header=F)
colnames(raw_data) = c("UserId","MovieId","Rating","TimeStamp")
```

使用 head() 函数查看示例数据：

```
> head(raw_data)
  UserId MovieId Rating TimeStamp
1    196     242      3 881250949
2    186     302      3 891717742
3     22     377      1 878887116
4    244      51      2 880606923
5    166     346      1 886397596
6    298     474      4 884182806
> 
```

接下来加载电影数据集：

```
movies = 
read.csv("C:/Suresh/R&D/packtPublications/reco_engines/drafts/personalRecos/uitem.csv",sep="|",header=F)
```

然后，我们向电影数据帧添加列名：

```
colnames(movies) = 
c("MovieId","MovieTitle","ReleaseDate","VideoReleaseDate","IMDbURL","Unknown","Action","Adventure","Animation","Children","Comedy","Crime","Documentary","Drama","Fantasy","FilmNoir","Horror","Musical","Mystery","Romance","SciFi","Thriller","War","Western")
```

接下来，我们从数据帧中删除不需要的列：

```
movies = movies[,-c(2:5)]
```

```
> head(movies)
  MovieId Unknown Action Adventure Animation Children Comedy Crime Documentary Drama Fantasy FilmNoir Horror Musical Mystery Romance SciFi Thriller war western
1       1       0      0         0         1        1      1     0           0     0       0        0      0       0       0       0     0        0   0       0
2       2       0      1         1         0        0      0     0           0     0       0        0      0       0       0       0     0        1   0       0
3       3       0      0         0         0        0      0     0           0     0       0        0      0       0       0       0     0        1   0       0
4       4       0      1         0         0        0      1     0           0     1       0        0      0       0       0       0     0        0   0       0
5       5       0      0         0         0        0      1     1           0     0       0        0      0       0       0       0     0        1   0       0
6       6       0      0         0         0        0      0     0           0     1       0        0      0       0       0       0     0        0   0       0
>
```

使用 merge() 函数合并电影和评级数据集：

```
ratings_ctx = merge(x = raw_data, y = movies, by = "MovieId", all.x = TRUE)
```

```
> head(ratings_ctx)
  MovieId UserId Rating TimeStamp Unknown Action Adventure Animation Children Comedy Crime Documentary Drama Fantasy FilmNoir Horror Musical Mystery Romance SciFi
1       1    650      3 891369759       0      0         0         1        1      1     0           0     0       0        0      0       0       0       0     0
2       1    635      4 878879283       0      0         0         1        1      1     0           0     0       0        0      0       0       0       0     0
3       1      1      5 874965758       0      0         0         1        1      1     0           0     0       0        0      0       0       0       0     0
4       1    514      5 875309276       0      0         0         1        1      1     0           0     0       0        0      0       0       0       0     0
5       1    250      4 883263374       0      0         0         1        1      1     0           0     0       0        0      0       0       0       0     0
6       1    210      5 887731052       0      0         0         1        1      1     0           0     0       0        0      0       0       0       0     0
  Thriller war western
1        0   0       0
2        0   0       0
3        0   0       0
4        0   0       0
5        0   0       0
6        0   0       0
>
```

这里想引入之前的基于内容的推荐的情境是一天中的小时。即对一个活跃用户来说推荐信息会根据一天中的不同时间而不同。

通常，这些变化依据每小时中推荐的排序。接下来，我们将看到如何实现。

2. 创建情境画像

在下面的章节中，我们将编写代码来创建用户的情境画像。我们选择了数据集中的时间戳信息，并计算每位用户在一天中每个小时的电影类型的偏好值。此情境画像将用于生成情境感知推荐。

我们从评级数据集中提取时间戳：

```
ts = ratings_ctx$TimeStamp
```

然后，我们将其转换为 POSIXlt 日期对象，并使用小时属性提取一天中的小时：

```
hours <- as.POSIXlt(ts,origin="1960-10-01")$hour
```

如下为示例数据：

```
> ts = ratings_ctx$TimeStamp
> head(ts)
[1] 891369759 878879283 874965758 875309276 883263374 887731052
> hours <- as.POSIXlt(ts,origin="1960-10-01")$hour
> head(hours)
[1]  0 10  3  2  4 21
>
```

我们可以将时间追加到评级数据集：

```
ratings_ctx = data.frame(cbind(ratings_ctx,hours))
```

```
> head(ratings_ctx)
  MovieId UserId Rating TimeStamp Unknown Action Adventure Animation Children Comedy Crime Documentary Drama Fantasy FilmNoir Horror Musical Mystery Romance SciFi
1       1    650      3 891369759       0      0         0         1        1      1     0           0     0       0        0      0       0       0       0     0
2       1    635      4 878879283       0      0         0         0        1      1     0           0     0       0        0      0       0       0       0     0
3       1      1      5 874965758       0      0         0         0        1      1     0           0     0       0        0      0       0       0       0     0
4       1    514      5 875309276       0      0         0         0        1      1     0           0     0       0        0      0       0       0       0     0
5       1    250      4 883263374       0      0         0         0        1      1     0           0     0       0        0      0       0       0       0     0
6       1    210      5 887731052       0      0         0         0        1      1     0           0     0       0        0      0       0       0       0     0
  Thriller War Western hours
1        0   0       0     9
2        0   0       0    10
3        0   0       0     3
4        0   0       0     0
5        0   0       0     4
6        0   0       0    21
>
```

现在，开始为用户 ID 为 943 的用户构建情境画像：

提取活跃用户（943）的评级信息，并删除 UserId、MovieId、Rating、Timestamp 列，如下所示：

```
UCP = ratings_ctx[(ratings_ctx$UserId == 943),][,-c(2,3,4,5)]
```

```
> head(UCP)
     MovieId Action Adventure Animation Children Comedy Crime Documentary Drama Fantasy FilmNoir Horror Musical Mystery Romance SciFi Thriller War Western hours
496        2      1         1         0        0      0     0           0     0       0        0      0       0       0       0     0        1   0       0     9
1676       9      0         0         0        0      0     0           0     0       0        0      0       0       0       0     0        1   0       0     8
2210      11      0         0         0        0      1     0           0     0       0        0      0       0       0       0     0        1   0       0     3
2356      12      0         0         0        0      0     1           0     0       0        0      0       0       0       0     0        1   0       0     9
3781      22      1         0         0        0      0     0           0     0       0        0      0       0       0       0     0        0   1       0     9
3944      23      0         0         0        0      0     0           0     1       0        0      0       0       0       0     0        1   0       0     9
```

下一步，计算所有项目特征列。这个列式总和用于计算一天中每个小时的项目特征偏好。

我们使用 aggregate() 函数计算每列的列式总和：

```
UCP_pref = aggregate(.~hours,UCP[,-1],sum)
```

```
> head(UCP_pref)
  hours Action Adventure Animation Children Comedy Crime Documentary Drama Fantasy FilmNoir Horror Musical Mystery Romance SciFi Thriller War Western
1     0      8         7         0        1      1     0           0     3       0        0      0       0       0       1     6        0   0       1
2     6      3         2         0        0      0     0           0     2       0        0      0       0       1       1     1        1   1       0
3     8     11         5         0        1     11     4           0    10       0        0      0       2       5       4    10        3   0       0
4     9     38        20         2        8     36    14           0    41       2        0      0      11       0       1    24        9  23      11       7
5    10      4         1         0        0      8     0           0     1       0        0      0       0       0       2     2        1   0       1
>
```

从上图可以看到活跃用户（943）对每部电影类型的时间偏好。通过观察，在一天中的第 9 个小时，该用户观看的电影更多，特别是动作 / 戏剧 / 喜剧类电影。

可以使用以下函数将前面的数据归一化 0 ～ 1 之间：

```
UCP_pref_sc = cbind(context = UCP_pref[,1],t(apply(UCP_pref[,-1], 1,
function(x)(x-min(x))/(max(x)-min(x)))))
```

```
> head(UCP_pref_sc)
     context    Action Adventure Animation  Children    Comedy     Crime Documentary     Drama   Fantasy  FilmNoir    Horror   Musical   Mystery   Romance
[1,]       0 1.0000000 0.8750000 0.0000000 0.1250000 0.1250000 0.0000000           0 0.3750000 0.0000000         0 0.1250000 0.0000000 0.0000000 0.1250000
[2,]       6 1.0000000 0.6666667 0.0000000 0.0000000 0.0000000 0.0000000           0 0.6666667 0.0000000         0 0.0000000 0.0000000 0.0000000 0.3333333
[3,]       8 1.0000000 0.4545455 0.0000000 0.0000000 1.0000000 0.3636364           0 0.9090909 0.0000000         0 0.0000000 0.1818182 0.1818182 0.4545455
[4,]       9 0.9268293 0.4878049 0.0487805 0.1951220 0.8780488 0.3414634           0 1.0000000 0.0487805         0 0.2682927 0.0975610 0.0243902 0.5853659
[5,]      10 0.5000000 0.1250000 0.0000000 0.0000000 1.0000000 0.0000000           0 0.1250000 0.0000000         0 0.0000000 0.0000000 0.0000000 0.2500000
         SciFi  Thriller       War   Western
[1,] 0.7500000 0.0000000 0.0000000 0.1250000
[2,] 0.3333333 0.3333333 0.3333333 0.0000000
[3,] 0.3636364 0.9090909 0.2727273 0.0000000
[4,] 0.2195122 0.5609756 0.2682927 0.1707317
[5,] 0.2500000 0.1250000 0.0000000 0.1250000
```

3. 生成情境感知推荐

现在，我们已经为活跃用户创建了情境画像，下面为用户生成情境感知推荐。
为此，将重用之前用 R 构建的推荐对象，它包含对所有用户的内容推荐。
查看基于内容的系统为 ID 为 943 的用户的推荐：

```
recommend$MovieId
```

```
> recommend$MovieId
  [1]    3    4    5    6    7    8   10   14   15   16   18   19   20   30   32   34   35   36   37   43   44   45   46   47   48   49
 [32]   65   66   70   71   74   75   77   78   81   83   84   86   87   88   89   90   93   99  102  103  106  107  112  113  114  115
 [63]  131  133  134  135  136  137  140  141  142  143  146  149  150  155  156  157  159  160  162  165  166  170  175  178  179  180
 [94]  199  203  206  207  209  212  213  214  220  221  223  224  236  244  245  246  253  255  256  258  262  264  267  268  270  272
[125]  280  283  285  286  287  288  289  291  292  293  296  297  299  302  303  304  305  306  307  308  309  310  311  312  313  315
[156]  324  325  326  327  329  330  331  332  333  336  337  339  340  344  345  346  347  348  351  354  355  357  359  360  361  365
[187]  379  381  382  387  389  392  394  404  408  409  411  413  416  417  418  420  424  429  432  434  436  437  438  439  440  441
[218]  448  451  454  457  458  459  460  461  462  463  464  465  466  467  469  473  474  478  479  480  481  483  484  486  487  488
[249]  499  500  501  503  504  505  506  507  509  510  511  512  513  514  515  517  518  519  520  521  522  523  525  527  528  529
[280]  535  536  537  538  542  543  544  545  547  548  551  552  553  555  556  557  558  560  561  563  565  567  571  573  574  580
[311]  589  591  592  593  594  596  598  600  601  602  603  605  606  607  608  610  611  612  615  616  617  618  619  620  621  622
[342]  632  633  634  638  639  640  641  642  643  644  645  646  647  648  649  650  651  652  653  654  656  657  658  659  660
[373]  669  670  671  673  674  675  676  677  678  681  682  686  690  691  692  693  694  695  696  697  698  699  701  702  703  704
[404]  711  712  713  714  715  716  723  726  727  729  730  731  733  735  736  737  738  740  741  742  744  747  749  750  753  754
[435]  766  767  768  770  772  773  774  775  776  777  778  781  782  783  784  786  787  788  789  791  799  800  803  806  807  809
[466]  817  821  822  823  826  828  832  834  835  836  837  839  842  844  846  847  848  850  851  852  855  856  857  858  860  861
[497]  869  870  872  873  874  875  877  880  882  883  884  885  886  887  888  889  891  895  896  898  899  900  902  903  904  905
```

现在，对于这些基于内容的推荐，添加一天中的小时或时间维度，然后根据当前情境生成推荐。

使用 `merge()` 函数合并推荐和电影数据集：

```
UCP_pref_content = merge(x = recommend, y = movies, by = "MovieId", all.x = TRUE)
```

```
> head(UCP_pref_content)
  MovieId predictions Unknown Action Adventure Animation Children Comedy Crime Documentary Drama Fantasy FilmNoir Horror Musical Mystery Romance SciFi Thriller
1       3           1       0      0         0         0        0      0     0           0     0       0        0      0       0       0       0     0        1
2       4           1       0      1         0         0        0      1     0           0     0       0        0      0       0       0       0     0        0
3       5           1       0      0         0         0        0      1     0           0     0       0        0      0       0       0       0     0        1
4       6           1       0      0         0         0        0      0     0           0     1       0        0      0       0       0       0     0        0
5       7           1       0      0         0         0        0      0     0           0     1       0        0      0       0       0       1     0        0
6       8           1       0      0         0         0        1      1     0           0     1       0        0      0       0       0       0     0        0
  War Western
1   0       0
2   0       0
3   0       0
4   0       0
5   0       0
6   0       0
>
```

通过前面的步骤，我们计算了所有需要的矩阵、用户情境画像（`UCP_pref_SC`）和用户内容推荐（`UCP_pref_content`）。

假设我们想要在一天中的第 9 个小时为用户生成推荐，只需要对 `UCP_pref_SC` 对象中第 9 小时的用户内容推荐和情境行求元素积。如下所示：

对用户内容推荐和用户第 9 小时的情境偏好求元素积：

```
active_user =cbind(UCP_pref_content$MovieId,(as.matrix(UCP_pref_content[,-c(1,2,3)]) %*% as.matrix(UCP_pref_sc[4,2:19])))
```

结果见下图。通过观察可知，MovieId 为 3 的偏好是 0.5，而 MovieId 为 4 的偏好是 2.8。

```
> head(active_user)
     [,1]       [,2]
[1,]    3  0.5609756
[2,]    4  2.8048780
[3,]    5  1.9024390
[4,]    6  1.0000000
[5,]    7  1.2195122
[6,]    8  2.0731707
>
```

可以创建预测对象的数据帧对象：

active_user_df = as.data.frame(active_user)

接下来，我们为预测对象添加列名：

names(active_user_df) = c('MovieId','SimVal')

然后对结果进行排序：

FinalPredicitons_943 = active_user_df[order(-active_user_df$SimVal),]

6.4 本章小结

本章主要介绍了如何使用 R 和 Python 构建基于内容的推荐引擎和情境感知推荐引擎。我们使用 R 和 Python 构建了两种类型的基于内容的推荐引擎——分类模型和 TF-IDF 模型。为了构建情境感知推荐系统，只需简单地把基于内容的推荐和用户的情境画像求元素积。

在第 7 章中，我们将探索 Apache Spark，以构建可扩展的实时推荐引擎。

第 7 章

使用 Spark 构建实时推荐引擎

在当今时代，构建可扩展的实时推荐的需求日益增加。随着越来越多的互联网用户使用电子商务网站购物，这些电子商务网站已经意识到了解用户购买行为的模式从而改善业务方式，并为客户提供个性化水平服务。为了构建一个满足庞大的用户基础并实时生成推荐的系统，需要一个现代化的、快速的可扩展系统。Apache Spark 是一个专为分布式内存数据处理设计的框架，可以满足上述需要。Spark 将一组转换和操作应用于分布式数据，以构建实时数据挖掘应用。

在前面几章中，我们学习了实现基于相似度的协同过滤方法，例如基于用户的协同过滤和基于内容的协同过滤。虽然基于相似度计算的方法在商业应用上取得了巨大成功，但也出现了基于模型的推荐模型，如矩阵分解模型，提高了推荐引擎模型的性能。在本章中，我们将离开基于启发式的相似度方法，了解基于模型的协同过滤方法。此外，我们将重点介绍使用 Spark 实现基于模型的协同过滤方法。

在本章中，我们将了解以下内容：
- Spark2.0 简介
- 搭建 pyspark 环境
- Spark 基本概念
- MLlib 推荐引擎模块
- 交替最小二乘算法
- Movielens—100k 数据集的数据探索
- 使用 ALS 构建基于模型的推荐引擎
- 评估推荐引擎模型

❏ 参数调优

7.1 Spark 2.0 介绍

Apache Spark 是一个快速、易用、分布式、内存式且开源的集群计算框架，用于执行高级分析。在 2009 年由加利福尼亚大学伯克利分校开发。自诞生开始，Spark 就被业界广泛采用。

Spark 的主要优点之一是它对复杂业务的处理，例如资源调度、作业提交、执行、跟踪、节点间通信、容错和所有底层操作这些并行处理中的固有特性。Spark 框架帮助我们编写在集群上并行运行的程序。

Spark 可以单机模式运行，也可以集群模式运行，并能轻松实现与 Hadoop 平台集成。

作为通用计算引擎，Spark 自身的内存数据处理能力和易于使用的 API 能帮助我们高效地完成大规模数据处理任务，如流式计算应用、机器学习或对需要迭代访问的大型数据集的交互式 SQL 查询。

Spark 还可以轻松地与许多应用程序、数据源、存储平台和环境进行集成，在 Java、Python 和 R 中都有开源的 API，如下图所示。事实证明，Spark 适用于大规模数据处理任务，可以更好地适应机器学习和迭代分析的要求。

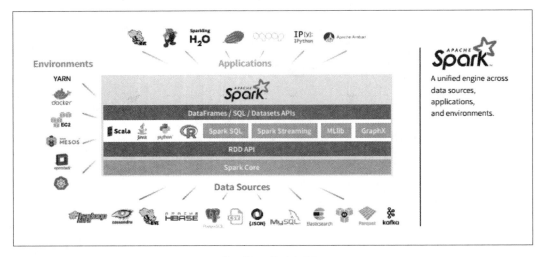

Credits：Databricks

7.1.1 Spark 架构

Apache Spark 生态系统包含许多组件，这些组件可以与分布式、内存计算和机器学习数据处理工具一起使用。我们将在下面几节中进行讨论。Spark 遵循主从架构，其高层架构如下图所示。

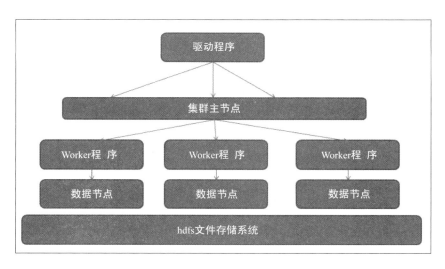

Credits：Databricks

Spark 集群就是在这种主从架构上工作的。Spark Core 执行引擎接收来自客户端的其并将其传递给主节点。主节点中的驱动程序与 Worker 节点执行器进行通信以完成工作，如下图所示。

Spark 驱动程序：驱动程序作为 Spark 集群中的一个主节点，它负责为 Spark 应用程序托管 SparkContext。它接收客户端请求，并与管理 Worker 节点的集群管理器进行协作。驱动程序将原始请求分解为任务，并将它们调度到 Worker 节点上的执行器运行。Spark 中的所有进程都是 Java 进程。SparkContext 创建弹性**分布式数据集（RDD）**，它是一组不可变、可分区的跨节点数据集，执行一系列转换和操作以计算最终输出。我们将在后面的章节了解更多关于 RDD 的信息。

Worker 节点：Worker 包含执行器，实际的任务执行通过 Java 进程实现。每个 Worker 都运行自己的 Spark 实例，是 Spark 中的主要计算节点。当创建好 SparkContext 后，每个 Worker 节点将启动自己的执行器来接收任务。

执行器：执行器是 Spark 应用程序的主要任务执行者。

7.1.2　Spark 组件

本节我们将看到 Spark 生态系统的核心组件。下图显示了 Apache Spark 生态系统。

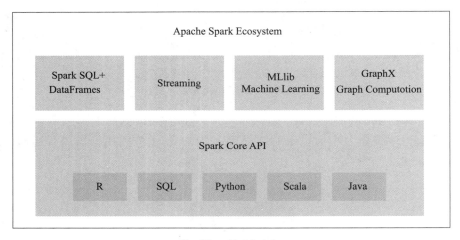

Credits：Databricks

7.1.3　Spark Core

Spark Core 是 Spark 平台的核心部分：执行引擎。其他所有功能都建立在 Spark Core 之上，它包含 Spark 的所有能力，如内存分布式计算以及快速且易用的 API。

1. Spark SQL 与结构化数据

Spark SQL 是在 Spark Core 之上的一个组件。它是为结构化和半结构化数据提供支持的模块。

Spark SQL 提供了一种统一方法，允许用户以交互式 SQL（如应用 select）查询数据对象，可以通过数据抽象 API（如 DataFrames）中的操作对数据对象进行分组。

数据探索、探索性分析和类似 SQL 的交互会花费大量时间。Spark SQL 提供了 DataFrames，其自身也作为分布式 SQL 查询引擎。例如，在 R 语言中，Spark 2.0 中的 DataFrames，数据存储为行和列，对其的访问可以视为对包含结构信息（如数据类型）的 SQL 表的访问。

2. Spark Streaming 与流式分析

Spark Streaming 是 Spark 中的另一个模块,它允许用户对批量数据和数据流实时进行处理和分析。为执行交互和分析应用,Spark Streaming 提供 **Discretized Stream**(**DStream**),它是一种高级抽象,表示连续的数据流,如下图所示。

Spark Streaming API 的主要特性如下:
- 可伸缩
- 高吞吐量
- 容错
- 实时流数据输入处理
- 可以连接到实时数据源并处理实时数据
- 可以将复杂的机器学习和图形处理算法应用到流数据上

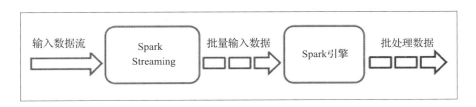

3. MLlib 与机器学习

MLlib 是构建在 Spark Core 之上的另一个 Spark 模块。该机器学习库的开发目标是使实际的机器学习应用具有可伸缩性和易用性。

该库为数据科学家提供如下工具:
- 用于回归、分类、聚类和推荐引擎的机器学习算法
- 特征提取、特征变换、降维和特征选择
- 用于精简机器学习构建、评估进程和优化解决机器学习问题进程的流水线工具
- 存储和加载机器学习模型和管道的持久性
- 实用工具,如用于线性代数操作和统计任务的工具等

在启动 Spark2.0 时,旧的 MLlib 模块被 ML 库所取代,它使用 DataFrames API 构建,提供了更多的优化,并在所有语言中使用统一的 API。

4. Graphx 与图计算

GraphX 是一个新的 Spark API,用于构建基于图的系统。它是一个图并行处理计算引擎和分布式框架,构建在 Spark Core 之上。该项目的初衷是将图并行和数据分布式框架整合为一个 Spark API。GraphX 使用户能够以 RDD 和图的形式处理数据。

GraphX 提供了许多功能，例如：
- 属性图
- 基于图的算法，如 PageRank、连接组件和 Graph Builders，用于构建图
- 基本图计算组件，如子图、joinVertices、aggregateMessages、Pregel API 等

虽然图模型不在本书的讨论范围内，但是我们将在第 8 章中学习图应用的一些基础。

7.1.4　Spark 的优点

Spark 的主要优点是快速且具有内存框架，同时包含多个易于使用的 API，它的 Unified Engine 支持大数据量运算，并且拥有机器学习组件。与 Map-Reduce 模型（较慢，且需很多编程）不同，Spark 更快，且具有实时性和易于编码的框架。

下图显示了上述优点。

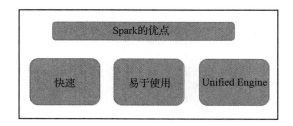

7.1.5　Spark 设置

Spark 可以在 Windows 或类似 UNIX 的系统（例如 Linux、MacOS) 上运行。在一台机器上很容易实现本地运行，只需要在系统路径中安装有 Java 或有 JAVA_HOME 环境变量指向 Java 安装。

Spark 可以在 Java 7+、Python 2.6+/3.4+ 和 R 3.1+ 上运行。Spark 2.0.0 使用 Scala 2.11 的 Scala API。所以需要考虑兼容的 Scala 版本（2.11.x）。

从项目网站的下载页面下载 Spark：

```
http://d3kbcqa49mib13.cloudfront.net/spark-2.0.0-bin-hadoop2.7.tgz
```

搭建 Spark 需要针对特定的 Hadoop 版本，以访问 **Hadoop 分布式文件系统（HDFS）**以及更好地实现 Hadoop 输入源的标准化。

Spark 需要 Scala 编程语言（本书使用 2.10.4 版本）才能运行。一般包中会附带 Scala 运行时库，因此不需要单独安装 Scala。但是，需要安装一个 **Java 运行时环境（JRE）**或 **Java 开发工具包（JDK）**(请参考本书代码包中的软件和硬件列表获得安装说明）。

下载 Spark 二进制包之后，通过运行以下命令，将包解压缩并将它放到新创建的目录下：

```
tar xfvz spark-2.0.0-bin-hadoop2.7.tgz
cd spark-2.0.0-bin-hadoop2.7
```

在 `bin` 目录中运行 Spark 脚本。通过运行 Spark 中的示例程序，可以测试是否能正常运行：

```
./bin/run-example org.apache.spark.examples.SparkPi
16/09/26 15:20:36 INFO DAGScheduler: Job 0 finished: reduce at
SparkPi.scala:38, took 0.845103 s
Pi is roughly 3.141071141071141
```

使用下列命令与 Scala 交互运行 Spark：

```
./bin/spark-shell --master local[2]
```

`--master` 选项指定分布式集群的主 URL，或者可使用 `local` 命令本地运行单线程或使用 `local[n]` 命令本地运行 n 个线程。使用 `local` 命令开始测试。使用 `--help` 可以查看 Spark 的全部选项列表。

下载源：

```
http://spark.apache.org/docs/latest/
```

7.1.6　SparkSession

从 Spark 2.0 开始，`SparkSession` 将成为 Spark 应用程序的入口点。`SparkSession` 是底层 Spark 功能和 Spark 编程能力（如 DataFrames API 和 Dataset API）的主要交互访问点。我们使用 `SparkSession` 来创建 DataFrame 对象。

在 Spark 的早期版本中，通常需要创建 `SparkConf`、`SparkContext` 或 `SQLContext` 来与 Spark 进行交互，但从 Spark 2.0 开始，对 `SparkConf`、`SparkContext` 进行了封装，这些操作会交给 `SparkSession` 自动处理。

当在 Shell 命令中启动 Spark 时，`SparkSession` 将会被自动创建为 `Spark`。

通过编程方式创建 `SparkSession`，代码如下所示：

```
spark = SparkSession\
    .builder\
    .appName("recommendationEngine")\
```

```
config("spark.some.config.option", "some-value")\
.getOrCreate()
```

7.1.7 弹性分布式数据集

Spark 的核心是分布式数据集，简称 RDD。RDD 是一些数据类型对象抽象的、不可变的、分布式集合，在集群上跨节点分区。RDD 是可容错的，也就是拥有可持续操作的系统属性，即使遇到失败的事件，它也能重构失败的分区。

简而言之，可以说 RDD 是一个分布式的数据集抽象，它允许以容错的方式在大规模集群系统上进行迭代操作。

创建 RDD 有很多种方式，如并行化现有数据对象集合，或引用外部文件系统，如（HDFS）。

通过现有数据对象创建 RDD：

```
coll = List("a", "b", "c", "d", "e")
rdd_from_coll = sc.parallelize(coll)
```

通过引用文件创建 RDD：

```
rdd_from_Text_File = sc.textFile("testdata.txt")
```

RDD 支持两种类型的操作：
- 转换，这种方式使用已有的 RDD（不可变的）创建新的 RDD
- 操作，此操作在对数据集执行计算后返回值

这些 RDD 转换只有在需要最终结果时才会被延迟执行。我们可以任意多次重建或重新计算 RDD，如果觉得将来可能需要它们，也可以将它们缓存到内存中。

7.1.8 关于 ML 流水线

Spark 2.0 中的 ML 流水线 API 是在解决机器学习问题时使用标准工作流的方法。每种机器学习问题可以按照以下步骤解决。

1. 加载数据。
2. 特征提取。
3. 模型训练。
4. 评估。
5. 预测。
6. 模型调优。

仔细观察上述步骤，可以看到：
- ML 过程像工作流一样遵循一系列步骤。
- 通常，在解决机器学习问题时，我们需要多个算法。例如，文本分类问题可能需要特征提取算法进行特征提取。
- 在测试数据上生成预测可能需要许多数据转换或数据预处理步骤，这些步骤在模型训练期间使用。例如在文本分类问题中，在测试数据上进行预测需要数据预处理步骤，如词元化和特征提取过程，已经在模型创建时应用在训练数据上了。

以上步骤是引入 ML 流水线 API 的主要动机之一。ML 流水线模块允许用户定义一系列步骤，以到达简单易用的目的。API 框架允许 ML 进程在分布式平台上扩展并支持大的数据集和重用组件等。

ML 流水线模块的组件如下：
- **DataFrame**：如前所述，DataFrame 是 Spark 框架中对数据集的一种表示方式。
- **Transformer**：Transformer 处理 DataFrame 输入，将数据转换为新的 DataFrame。Transformation 类中的 `transform()` 方法会执行转换。
- **Estimator**：Estimator 计算最终结果。Estimator 类使用 `fit()` 方法来计算结果。
- **Pipeline**：它是 Transformer 和 Estimator 的集合，堆栈为工作流。
- **Parameter**：Transformer 和 Estimator 使用的参数集。

以简单的文本文档工作流为例，训练过程的 Pipeline 如下图所示。

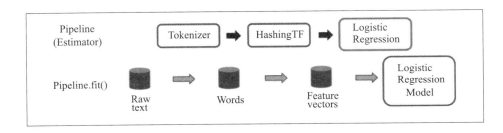

上图中，蓝色方框表示的都是 Transformer，红色方框表示 Estimator。以下是对上图中步骤的解释：

1. Tokenizer Transformer 将 DataFrame 的文本列作为输入，并返回包含词元的新 DataFrame 列。

2. HashingTF Transformer 将前面步骤中获取的词元 DataFrame 作为输入，并创建包含新特征的 DataFrame 作为输出。

3. 现在 LogisticRegression Estimator 使用带有特征的 DataFrame，拟合逻辑回归模型，并创建一个 PipelineModel Transformer。

首先创建一个流水线，它是一个 Estimator，然后在这个流水线上应用 fit() 方法，生成一个 PipelineModel、一个 Transformer，它们可以用于测试数据或在预测时使用。

下载源：

http://spark.apache.org/docs/latest/ml-guide.html

下图说明了这种用法。

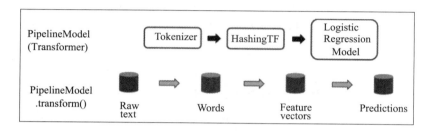

上图中，当需要在测试数据上进行预测时，可以观察到首先测试数据必须经过一系列的数据预处理步骤，这些步骤与之前提到的训练步骤非常相同。在完成了预处理步骤之后，将测试数据特征应用于逻辑回归模型。

为了使数据预处理和特征提取步骤相同，可以通过调用 transform() 将测试数据传递给 PipelineModel（逻辑回归模型）生成预测。

7.2 使用交替最小二乘法进行协同过滤

本节我们介绍矩阵分解模型（MF）和交替最小二乘法。在介绍矩阵分解模型之前，需要再次明确目标。假设我们拥有一些用户对项目的评级数据。使用 R 将给定的数据用矩阵形式表示，如下图所示。

	User/Item	A	B	C	D
User	Ted		4		3
	Carol	3		2	
	Bob		5		2
	Alice			4	

在上图中，观察到用户 Ted 对项目 B 和 D 的评分分别为 4 和 3。在协同过滤方法中，生成推荐之前的第一步是填充空值，即预测未评级的项目评级。当未评级的项目评级被填补后，我们将通过对新项目排序向用户进行推荐。

在前几章中，学习了使用欧氏距离和余弦距离来预测缺失值的近邻方法。在本节中，将采用一种新的方法来填补缺失的未评级项目，这种方法被称为矩阵分解方法。它是一种数学方法，解释如下：

一个矩阵可以分解为两个低阶矩阵，当相乘后，将会得到一个近似于原始矩阵的新矩阵。

假设一个 $U \times M$ 的评级矩阵 R 可以分解为两个低阶矩阵 P 和 Q，大小分别为 $U \times K$ 和 $M \times K$，其中 K 称为矩阵的秩。

在下图的示例中，假设大小为 4×4 的原始矩阵被分解为两个矩阵：$P(4 \times 2)$ 和 $Q(4 \times 2)$。P 和 Q 相乘，将会得到 4×4 的近似等于原始矩阵的值的新矩阵。

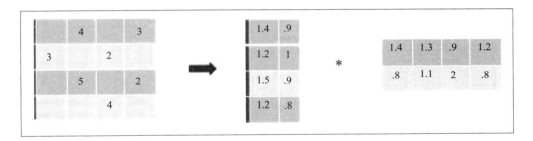

矩阵分解原理在推荐引擎中用来填充未评级项目。将上述原理应用于推荐引擎中的假设是用户对项目的评级是基于一些潜在特征的。这些潜在特征既适用于用户，也适用于项目。也就是说，用户不仅基于个人偏好对项目评级，也基于这些项目特定的特征。

利用这个假设，当矩阵分解方法应用于评级矩阵时，我们将原始的评级矩阵分解为两个矩阵，分别是用户潜在因子矩阵 P 和项目潜在因子矩阵 Q，如下图所示。

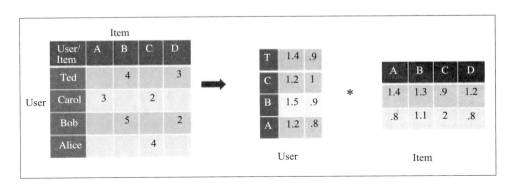

现在，回到机器学习方法，你一定想知道这种方法学习的是什么。观察以下公式：

$$\min_{q^*,p^*} \sum_{(u,i) \in K} (r_{ui} - q_i^T p_u)^2 + \lambda(\|q_i\|^2 + \|p_u\|^2)$$

我们了解到，当我们把两个潜在因子矩阵相乘时，会得到相似原始矩阵。为了提高模型的准确率，即学习最优的因子向量 P 和 Q，我们定义一个优化函数，如上式所示，它最小化原始评级矩阵与潜在矩阵相乘之后的结果的正则平方误差。前一方程的后半部分是正则化，以避免过拟合。

交替最小二乘法（ALS）是最小化上述损失函数的优化技术。通常，我们使用随机梯度下降来优化损失函数。对于 Spark 推荐模块，采用 ALS 技术，以最小化损失函数。

在 ALS 方法中，我们通过分别固定两个因子向量中的一个来计算最优的潜在因子向量，即我们通过固定项目潜在特征向量作为常数来计算用户潜在向量，反之亦然。

ALS 这种方法的主要优势如下：
- 这种方法很容易并行化
- 大多数情况下，在面临推荐引擎中稀疏数据集问题时，ALS 比随机梯度下降处理稀疏性更有效

`spark.ml` 中推荐引擎模块的 Spark 实现含以下参数：
- **numBlocks**：为并行计算而将被分区的用户和项目数据块数（默认值为 10）
- **rank**：模型中潜在因子的数量（默认值为 10）
- **maxIter**：要运行的最大迭代次数（默认值为 10）
- **regParam**：指定 ALS 中的正则参数（默认值为 0.1）
- **implicitPrefs**：指定是否使用显式反馈 ALS 变体或使用适用于隐式反馈数据的（默认值为 false，表示它使用显式反馈）
- **alpha**：适用于 ALS 的隐式反馈变体的参数，它控制偏好观察中的基准置信度（默认值为 1.0）
- **nonnegative**：指定是否对最小二乘法使用非负的约束（默认值为 false）

7.3 使用 PySpark 构建基于模型的推荐系统

演示中使用的软件详情如下：
- Spark 2.0
- Python API: pyspark
- Centos 6
- Python 3.4

使用 pyspark 启动 Spark 会话，如下所示：

```
pyspark
```

以下截图显示了通过运行以上命令创建的 Spark 会话：

```
Python 3.4.3 (default, Sep 16 2015, 10:42:38)
[GCC 4.4.7 20120313 (Red Hat 4.4.7-11)] on linux
Type "help", "copyright", "credits" or "license" for more
information.
Using Spark's default log4j profile: org/apache/spark/log4j-
defaults.properties
Setting default log level to "WARN".
To adjust logging level use sc.setLogLevel(newLevel).
16/10/04 09:53:13 WARN NativeCodeLoader: Unable to load native-hadoop
library for your platform... using builtin-java classes where
applicable
16/10/04 09:53:13 WARN Utils: Your hostname, 01hw745020.tcs-
mobility.com resolves to a loopback address: 127.0.0.1; using
10.132.252.116 instead (on interface eth0)
16/10/04 09:53:13 WARN Utils: Set SPARK_LOCAL_IP if you need to bind
to another address
Welcome to
      ____              __
     / __/__  ___ _____/ /__
    _\ \/ _ \/ _ `/ __/  '_/
   /__ / .__/\_,_/_/ /_/\_\   version 2.0.0
      /_/

Using Python version 3.4.3 (default, Sep 16 2015 10:42:38)
SparkSession available as 'spark'.
```

为使用 Spark 构建推荐引擎，我们使用之前介绍的 Spark2.0 中的功能，如 DataFrame、RDD、Pipeline 和 MLlib 中的 Transform。

与之前的启发式方法（如用于构建推荐引擎的 KNN 方法）不同，在 Spark 中使用矩阵分解方法构建推荐引擎，使用交替最小二乘法生成基于模型的协同过滤。

7.4 MLlib 推荐引擎模块

本节了解一下 MLlib 推荐引擎模块中提供的不同方法。当前的推荐引擎模块帮助我们构建基于模型的协同过滤方法，使用交替最小二乘矩阵分解模型来生成推荐。

构建协同过滤的主要可用方法如下：
- ALS()：调用 ALS() 构造器，并通过所有需要的参数创建其实例，参数如用户列名、项目列名、评级列名、排序、正则参数（regParam）、最大迭代数（maxIter）等。
- fit()：用于生成模型。此方法采用以下参数：
    - dataset：输入数据集类型。pyspark.sql.DataFrame (http://spark.apache.org/docs/latest/api/python/pyspark.sql.html#pyspark.sql.DataFrame)
    - params：可选的参数映射，包含上面列出的所需参数。
    - Returns：fit() 方法返回拟合好的模型。
- Transform()：用于生成预测。

Transform() 方法包含以下内容：
- 测试数据（DataFrame 数据类型）
- 嵌入前面定义的参数的可选附加参数
- 返回预测（DataFrame 对象）

7.5 推荐引擎方法

现在进入推荐引擎的实现。通过使用 Spark 中提供的以下方法构建推荐引擎：
1. 启动 Spark 环境。
2. 加载数据。
3. 浏览数据源。
4. 使用 MLlib 推荐引擎模块以使用 ALS 实例生成推荐。
5. 生成推荐。
6. 评估模型。
7. 使用交叉验证方法，调整参数并选择最佳模型，然后生成推荐。

7.5.1 实现

与其他推荐引擎一样，第一步是将数据加载到分析环境（在这里是 Spark 环境）中。当我们启动 Spark 环境 2.0 版本时，会在加载时创建 SparkContext 和 SparkSession。

在进入实现部分之前，先回顾一下数据。本章中使用 MovieLens 100K 数据集以构建基于用户和基于项目的协同过滤推荐引擎。该数据集包含 943 位用户对 1 682 部电影的评级。评级为 1～5。

第一步，使用 SparkContext(sc) 将数据加载到 Spark 环境中。

1. 数据加载

运行以下命令以加载数据：

```
data = sc.textFile("~/ml-100k/udata.csv")
```

已加载的数据会成为 Spark RDD 类型，运行下面的命令查看数据对象的数据类型：

```
type(data)
<class 'pyspark.rdd.RDD'>
```

查看加载的数据的总长度：

```
data.count()
100001
```

加载数据中的第一条记录：

```
data.first()
'UserID\tItemId \tRating\tTimestamp'
```

通过观察可知，头信息在数据对象中的第一行，用 \t 分隔。数据对象的列名称分别是 `UserID`、`ItemID`、`Rating` 和 `Timestamp`。

我们这里不需要时间戳信息，可以从 RDD 数据中删除此字段：

要检查 RDD 数据的前 5 行，使用 `take()` 方法：

```
data.take(5)
['UserID\tItemId \tRating\tTimestamp', '196\t242\t3\t881250949',
'186\t302\t3\t891717742', '22\t377\t1\t878887116', '244\t51\t2\t880606923']
```

MLlib 推荐引擎模块希望不包含数据头信息。因此删除头信息，即从 RDD 数据对象中删除第一行，如下所示。

从 RDD 数据对象提取第一行：

```
header = data.first()
```

使用 `filter()` 方法和 `lambda` 表达式从数据中删除第一个头行。下面的 lambda 表达式被应用于每个行，每行与头进行比较，以检查提取到的行是否是头。如果发现提取的行是头，则会过滤掉：

```
data = data.filter(lambda l:l!=header)
```

现在检查 RDD 数据对象的计数，它已从 100001 减少到 100000：

```
data.count()
100000
```

查看第一行，可以观察到已成功删除了头：

```
data.first()
'196\t242\t3\t881250949'
```

将数据加载到 Spark 环境中，并将数据格式化为合适尺寸，如下所示：

1. 加载构建推荐引擎所需的函数，例如 ALS、矩阵分解模型和 MLlib 推荐模块的评级函数。

2. 从 RDD 数据中提取每一行，并通过 \t 将每个列使用 `map()` 和 `lambda` 表达式分隔。

3. 在结果集中，为上一步骤中提取的每一行创建一个评级行对象

4. 在整个数据集上应用完以下表达式后，一个流水线化的 RDD 创建完成：

```
from pyspark.mllib.recommendation import ALS, MatrixFactorizationModel, Rating
ratings = data.map(lambda l: l.split('\t'))\
    .map(lambda l: Rating(int(l[0]), int(l[1]), float(l[2])))
```

使用 `type` 命令查看评级对象的数据类型：

```
type(ratings)
<class 'pyspark.rdd.PipelinedRDD'>
```

通过运行以下代码，查看流水线化的评级 RDD 对象的前 5 条记录：

```
ratings.take(5)
[Rating(user=196, product=242, rating=3.0), Rating(user=186, product=302, rating=3.0), Rating(user=22, product=377, rating=1.0), Rating(user=244, product=51, rating=2.0), Rating(user=166, product=346, rating=1.0)]
```

可以从上面的结果看出，原始 RDD 数据对象中的每一行都变成堆叠为流水线化 RDD 的评级行对象列表。

2. 数据探索

现在已经加载了数据，接下来使用 Spark 2.0 的 DataFrame API 功能来探索数据。

通过选择 `'user'` 列，然后使用 `distinct()` 函数来删除重复的 `userId`，计算唯一用户的总数：

```
df.select('user').distinct().show(5)
```

以下截图显示了上述查询的结果：

```
+----+
|user|
+----+
|  26|
|  29|
| 474|
| 191|
|  65|
+----+
only showing top 5 rows
```

唯一用户总数：

```
df.select('user').distinct().count()
943
```

唯一项目总数：

```
df.select('product').distinct().count()
1682
```

显示前 5 个唯一产品：

```
df.select('product').distinct().show(5)
```

以下截图显示了上述查询的结果：

```
+-------+
|product|
+-------+
|    474|
|     29|
|     26|
|    964|
|   1677|
+-------+
only showing top 5 rows
```

每位用户评级的项目数：

```
df.groupBy("user").count().take(5)
[Row(user=26, count=107), Row(user=29, count=34), Row(user=474, count=327), Row(user=191, count=27), Row(user=65, count=80)]
```

上述结果说明，编号为 26 的用户评级了 107 部电影，编号为 29 的用户评级了 34 部电影。

每个评级类型的记录数：

```
df.groupBy("rating").count().show()
```

以下截图显示上述查询的结果：

```
+------+-----+
|rating|count|
+------+-----+
|   1.0| 6110|
|   4.0|34174|
|   3.0|27145|
|   2.0|11370|
|   5.0|21201|
+------+-----+
```

在下面的代码中，我们使用 Python 中的 numpy 科学计算包处理数组，以及 Python 中的可视化包 matplotlibe：

```
import numpy as np
import matplotlib.pyplot as plt
n_groups = 5
x = df.groupBy("rating").count().select('count')
xx = x.rdd.flatMap(lambda x: x).collect()
fig, ax = plt.subplots()
index = np.arange(n_groups)
bar_width = 1
opacity = 0.4
rects1 = plt.bar(index, xx, bar_width,
                 alpha=opacity,
                 color='b',
                 label='ratings')
plt.xlabel('ratings')
plt.ylabel('Counts')
plt.title('Distribution of ratings')
plt.xticks(index + bar_width, ('1.0', '2.0', '3.0', '4.0', '5.0'))
plt.legend()
plt.tight_layout()
plt.show()
```

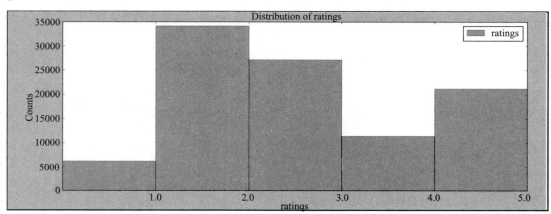

每位用户的评级统计：

```
df.groupBy("UserID").count().select('count').describe().show()
```

```
+-------+------------------+
|summary|             count|
+-------+------------------+
|  count|               943|
|   mean| 106.04453870625663|
| stddev| 100.93174276633498|
|    min|                20|
|    max|               737|
+-------+------------------+
```

每位用户的评级单独计数：

```
df.stat.crosstab("UserID", "Rating").show()
```

```
+-------------+---+---+---+---+---+
|UserID_Rating|1.0|2.0|3.0|4.0|5.0|
+-------------+---+---+---+---+---+
|          645|  2|  2| 29| 55| 34|
|          892|  2| 13| 40| 99| 72|
|           69|  2|  3| 21| 16| 23|
|          809|  2|  2|  6|  5|  5|
|          629|  1|  8| 24| 35| 53|
|          365|  5|  9| 12| 23|  9|
|          138|  0|  1|  3| 28| 19|
|          760|  4|  7| 11| 13|  6|
|          101|  3| 19| 28| 16|  1|
|          479| 24| 14| 48| 85| 31|
|          347| 20| 25| 37| 55| 62|
|          846| 10| 46| 89|154|106|
|          909|  0|  0|  5|  7| 14|
|          333|  1|  1|  5| 13|  6|
|          628|  0|  1|  1|  3| 22|
|          249|  1|  5| 31| 63| 61|
|          893|  1|  5| 28| 18|  7|
|          518|  4|  3| 28| 18| 20|
|          468|  0|  9| 31| 55| 48|
|          234| 14|103|205|126| 32|
+-------------+---+---+---+---+---+
only showing top 20 rows
```

每位用户给出的平均评级：

```
df.groupBy('UserID').agg({'Rating': 'mean'}).take(5)
```

```
[Row(UserID=148, avg(Rating)=4.0), Row(UserID=463,
avg(Rating)=2.8646616541353382), Row(UserID=471,
avg(Rating)=3.3870967741935485), Row(UserID=496,
avg(Rating)=3.0310077519379846), Row(UserID=833,
avg(Rating)=3.056179775280899)]
```

每部电影的平均评级：

```
df.groupBy('ItemId ').agg({'Rating': 'mean'}).take(5)

[Row(ItemId =496, avg(Rating)=4.121212121212121), Row(ItemId =471,
avg(Rating)=3.6108597285067874), Row(ItemId =463,
avg(Rating)=3.859154929577465), Row(ItemId =148, avg(Rating)=3.203125),
Row(ItemId =1342, avg(Rating)=2.5)]
```

3. 构建基础推荐引擎

使用 `randomSplit()` 方法将原始数据随机分为训练集和测试集，如下所示：

```
(training, test) = ratings.randomSplit([0.8, 0.2])
```

统计训练数据集中的实例数：

```
training.count()
80154
```

统计测试集中的实例数：

```
test.count()
19846
```

现在使用 Spark MLlib 库的 ALS 算法来构建一个推荐引擎模型。

为此，使用以下方法和参数：

1. 将 ALS 模块加载到 Spark 环境中。
2. 调用 `ALS.train()` 方法来训练模型。
3. 将所需的参数，如 rank、迭代次数（maxIter）和训练数据传递给 `ALS.train()` 方法。

现在介绍参数：

❑ **rank**：模型中要使用的用户和项目的潜在因子数量。默认值为 10。
❑ **maxIter**：模型必须运行的迭代次数。默认值为 10。

使用交替最小二乘法构建推荐模型：

设置 rank 和 maxIter 参数：

```
rank = 10
numIterations = 10
```

调用 `train()` 方法，设置好训练数据，rank、maxIter 参数，`model=ALS.train(training,rank,numIterations)`：

```
16/10/04 11:01:34 WARN BLAS: Failed to load implementation from:
com.github.fommil.netlib.NativeSystemBLAS
```

```
16/10/04 11:01:34 WARN BLAS: Failed to load implementation from:
com.github.fommil.netlib.NativeRefBLAS
16/10/04 11:01:34 WARN LAPACK: Failed to load implementation from:
com.github.fommil.netlib.NativeSystemLAPACK
16/10/04 11:01:34 WARN LAPACK: Failed to load implementation from:
com.github.fommil.netlib.NativeRefLAPACK
16/10/04 11:01:37 WARN Executor: 1 block locks were not released by TID =
122:
[rdd_221_0]
16/10/04 11:01:37 WARN Executor: 1 block locks were not released by TID =
123:
[rdd_222_0]
16/10/04 11:01:37 WARN Executor: 1 block locks were not released by TID =
124:
[rdd_221_0]
16/10/04 11:01:37 WARN Executor: 1 block locks were not released by TID =
125:
[rdd_222_0]
```

检查模型，可以看到 `Matrixfactorizationmodel` 对象已经被创建了：

```
model
```

4. 做出预测

模型创建完成，在创建的测试集上进行评级值预测。

ALS 模块提供了许多以下部分中讨论的方法，用于预测、推荐用户和向用户推荐项目、用户特征、项目特征等。下面将逐一运行这些方法。

在开始预测之前，首先以预测方法能接受的方式创建测试数据，如下所示。

以下代码提取测试数据中的每一行并提取 `userID`、`ItemID`，并将其放入测试数据 `PipelinedRDD` 对象中：

```
testdata = test.map(lambda p: (p[0], p[1]))

type(testdata)
<class 'pyspark.rdd.PipelinedRDD'>
```

以下代码显示原始测试数据样本：

```
test.take(5)

[Rating(user=119, product=392, rating=4.0), Rating(user=38, product=95,
rating=5.0), Rating(user=63, product=277, rating=4.0), Rating(user=160,
product=234, rating=5.0), Rating(user=225, product=193, rating=4.0)]
```

以下代码显示进行预测所需的格式化数据：

```
testdata.take(5)

[(119, 392), (38, 95), (63, 277), (160, 234), (225, 193)]
```

预测方法如下：

❑ `predict()`：预测方法将为给定用户和项目预测评级，
当想对用户和项目组合做出预测时使用此方法。

```
pred_ind = model.predict(119, 392)
```

我们可以观察到，对编号为 119 的用户在编号为 392 的电影预测值为 4.3926091845289275，看一下在测试数据中相同组合的原始值：

```
pred_ind

4.3926091845289275
```

❑ `predictall()`：当需要一次性预测所有测试数据的值时使用。

```
predictions = model.predictAll(testdata).map(lambda r: ((r[0], r[1]), r[2]))
```

使用以下代码检查数据类型：

```
type(predictions)
<class 'pyspark.rdd.PipelinedRDD'>
```

使用以下代码显示前五个预测：

```
 predictions.take(5)

[((268, 68), 3.197299431949281), ((200, 68), 3.6296857016488357), ((916, 68), 3.070451877410571), ((648, 68), 2.165520614428771), ((640, 68), 3.821666263132798)]
```

7.5.2 基于用户的协同过滤

现在向用户推荐项目（电影）。ALS 推荐模块包含 `recommendProductsForUsers()` 方法，用于为用户生成前 n 项推荐。

`recommendProductsForUsers()` 方法将整数作为输入参数，表示前 n 个推荐。例如，为了向用户生成前 10 个推荐，我们将 10 作为值传递给 `recommendProductsForUsers()` 方法，如下：

```
recommedItemsToUsers = model.recommendProductsForUsers(10)
```

使用以下代码显示为全部 943 个用户生成的推荐：

```
recommedItemsToUsers.count()
943
```

看看对 96 和 784 两个用户的推荐：

```
recommedItemsToUsers.take(2)

[
(96, (Rating(user=96, product=1159, rating=11.251653489172302),
Rating(user=96, product=962, rating=11.1500279633824), Rating(user=96,
product=534, rating=10.527262244626867), Rating(user=96, product=916,
rating=10.066351313580977), Rating(user=96, product=390,
rating=9.976996795233937), Rating(user=96, product=901,
rating=9.564128162876036), Rating(user=96, product=1311,
rating=9.13860044421153), Rating(user=96, product=1059,
rating=9.081563794413025), Rating(user=96, product=1178,
rating=9.028685203289745), Rating(user=96, product=968,
rating=8.844312806737918)
)),
 (784, (Rating(user=784, product=904, rating=5.975314993539809),
Rating(user=784, product=1195, rating=5.888552423210881), Rating(user=784,
product=1169, rating=5.649927493462845), Rating(user=784, product=1446,
rating=5.476279163198376), Rating(user=784, product=1019,
rating=5.303140289874016), Rating(user=784, product=1242,
rating=5.267858336331315), Rating(user=784, product=1086,
rating=5.264190584020031), Rating(user=784, product=1311,
rating=5.248377920702441), Rating(user=784, product=816,
rating=5.173286729120303), Rating(user=784, product=1024,
rating=5.1253425029498985)
))
]
```

7.5.3　模型评估

接下来评估一下模型的准确率。为此，选择均方根误差方法。手动操作或者调用 Spark MLlib 中可用的定义好的函数，如下所示。

通过加入原始评级和预测创建一个 `ratesAndPreds` 对象：

```
ratesAndPreds = ratings.map(lambda r: ((r[0], r[1]),
r[2])).join(predictions)
```

以下代码将计算均方误差：

```
MSE = ratesAndPreds.map(lambda r: (r[1][0] - r[1][1])**2).mean()
[Stage 860:>                                              (0 + 4) / 6]
Mean Squared Error = 1.1925845065690288
from math import sqrt
rmse = sqrt(MSE)
rmse
1.092055175606539
```

7.5.4 模型选择和超参数调优

任何机器学习任务中最重要的步骤都是使用模型评估或模型选择以找到拟合数据的最优参数。Spark 为调优和模型评估提供基础支持，针对单个算法或整个模型构建流水线。用户可以调整整个流水线模型或调整流水线的单个组件。MLlib 提供了模型选择工具，例如 `CrossValidator` 类和 `TrainValidationSplit` 类。

上述类需要以下项目：

- **Estimator**：要优化的算法或流水线。
- **ParamMap 集合**：用于选择的参数，有时称为参数网格。
- **Evaluator**：衡量一个拟合的模型在测试数据上的表现的指标。

高级应用时，这些模型选择工具工作如下：

- 它们将输入数据分为单独的训练和测试数据集。
- 对于每个（训练和测试）对，遍历 `ParamMap` 集合。
- 对于每个 `ParamMap`，利用这些参数拟合 Estimator，得到拟合模型，并使用 Evaluator 评估模型的性能。
- 选择表现最好的一组参数所产生的模型。

MLlib 支持执行评估任务的各种评估类，如用于基于回归问题的 `RegressionEvaluator` 类、用于二元分类问题的 `BinaryClassificationEvaluator` 类和用于多类分类问题的 `MulticlassClassificationEvaluator` 类。对于构造参数网格，我们可以使用 `paramGridBuilder` 类。

1. 交叉验证

交叉验证方法是评估数据挖掘模型和选择最优参数以构建最佳估计模型最常用的方法之一。MLlib 提供了两种类型的评估类：`CrossValidator` 和 `TrainValidationSplit`。

2. Crossvalidator

CrossValidator 类接收输入数据集,并将其拆分为多个数据集折。这些折可以作为训练和测试集使用。通过使用这些数据集,CrossValidator 类可以创建多个模型,确定最优参数,并将其存储在 ParamMap 中。在确定最佳 ParamMap 之后,CrossValidator 类最终使用整个数据集计算得到最佳模型。例如,假设我们选择五折交叉验证,CrossValidator 类将原始数据集拆分为五个子数据集,每个子数据集都包含训练集和测试集。CrossValidator 类每次选择一个折集合,并估计模型参数。最后,CrossValidator 计算评估指标的平均值,以在 ParamMap 中存储最佳参数。

3. TrainValidationSplit

Spark MLlib 提供了另一个通过使用 TrainValidationSplit 估计最优参数的类。与 CrossValidator 不同,这个类在单个数据集上估计最佳参数。例如,TrainValidatorSplit 类将输入数据分成分别为 3/4 和 1/4 大小的训练集和测试集,之后使用这些数据集选择最佳参数。

现在,理解一下之前构建的推荐引擎模型。

调优模型使用 Spark 2.0 的 MLlib,并利用了 DataFrame API 特性。为了适用这种情况,第一步是将原始数据集转换为 DataFrame。

对于转换,我们使用 sqlContext 对象和 createDataFrame() 方法将评级 RDD 对象转换为 DataFrame 对象,如下所示:

```
type(ratings)
<class 'pyspark.rdd.PipelinedRDD'>
```

通过 pyspark 启动 Spark 会话时会创建 SQLContext 对象:

```
sqlContext
<pyspark.sql.context.SQLContext object at 0x7f24c94f7d68>
```

通过评级 RDD 对象创建一个 dataframe 对象,如下所示:

```
df = sqlContext.createDataFrame(ratings)
```

```
type(df)
```

```
<class 'pyspark.sql.dataframe.DataFrame'>
```

显示 dataframe 对象的前 20 条记录:

```
df.show()
```

以下截图显示上述查询的结果。

```
+----+-------+------+
|user|product|rating|
+----+-------+------+
| 196|    242|   3.0|
| 186|    302|   3.0|
|  22|    377|   1.0|
| 244|     51|   2.0|
| 166|    346|   1.0|
| 298|    474|   4.0|
| 115|    265|   2.0|
| 253|    465|   5.0|
| 305|    451|   3.0|
|   6|     86|   3.0|
|  62|    257|   2.0|
| 286|   1014|   5.0|
| 200|    222|   5.0|
| 210|     40|   3.0|
| 224|     29|   3.0|
| 303|    785|   3.0|
| 122|    387|   5.0|
| 194|    274|   2.0|
| 291|   1042|   4.0|
| 234|   1184|   2.0|
+----+-------+------+
only showing top 20 rows
```

使用 `randomSplit()` 方法随机创建训练集和测试集的样本：

```
(training, test) = df.randomSplit([0.8, 0.2])
```

加载运行参数 `tuningmodel` 所需的模块：

```
from pyspark.ml.recommendation import ALS
```

调用 MLlib 中的 ALS 方法以构建推荐引擎。`ALS()` 仅接收训练数据的列值，例如 UserID、ItemId 和 Rating。其他参数，如 rank、迭代次数、学习参数等，将作为 `ParamGridBuilder` 对象传递给交叉验证方法。

如前所述，模型调优流水线需要 Estimator、ParamMap 和 Evaluator。接下来我们逐个创建它们，如下所示。

Estimator 把算法或者流水线对象作为输入。接下来创建一个流水线对象，如下所示。

调用 ALS 算法：

```
als = ALS(userCol="user", itemCol="product", ratingCol="rating")
als

ALS_45108d6e011beae88f4c
```

检查 als 对象的类型：

```
type(als)
<class 'pyspark.ml.recommendation.ALS'>
```

看看如何为 ALS 模型设置默认参数：

```
als.explainParams()
"alpha: alpha for implicit preference (default: 1.0)\ncheckpointInterval:
set checkpoint interval (>= 1) or disable checkpoint (-1). E.g. 10 means
that the cache will get checkpointed every 10 iterations. (default:
10)\nfinalStorageLevel: StorageLevel for ALS model factors. (default:
MEMORY_AND_DISK)\nimplicitPrefs: whether to use implicit preference
(default: False)\nintermediateStorageLevel: StorageLevel for intermediate
datasets. Cannot be 'NONE'. (default: MEMORY_AND_DISK)\nitemCol: column
name for item ids. Ids must be within the integer value range. (default:
item, current: ItemId )\nmaxIter: max number of iterations (>= 0).
(default: 10)\nnonnegative: whether to use nonnegative constraint for least
squares (default: False)\nnumItemBlocks: number of item blocks (default:
10)\nnumUserBlocks: number of user blocks (default: 10)\npredictionCol:
prediction column name. (default: prediction)\nrank: rank of the
factorization (default: 10)\nratingCol: column name for ratings (default:
rating, current: Rating)\nregParam: regularization parameter (>= 0).
(default: 0.1)\nseed: random seed. (default:
-1517157561977538513)\nuserCol: column name for user ids. Ids must be
within the integer value range. (default: user, current: UserID)"
```

根据前面的结果，可以观察到该模型的默认值 rank 为 10，maxIter 为 10，blocksize 为 10：

创建 pipline 对象，设置新建的 als 模型为 pipline 中的一个 stage：

```
from pyspark.ml import Pipeline

pipeline = Pipeline(stages=[als])
 type(pipeline)
<class 'pyspark.ml.pipeline.Pipeline'>
```

4. 设置 ParamMap/ 参数

仔细观察 ALS() 方法，推断可以用于调优的参数：

rank：我们知道，rank 是用户和项目的潜在特征数量，默认情况下是 10，但是如果我们不知道给定数据集的最佳潜在特征数量，则可以通过给定一个 8 ～ 12 之间的范围来调优模型，也可以选择其他值。由于计算成本，我们将值限制为 8 ～ 12，但读者可以自由尝试其他值。

MaxIter：MaxIter 是模型运行的次数，默认设置为 10。可以选择此参数进行调优，因为不知道模型表现较好的最佳迭代次数，我们这里选择在 10 ～ 15 之间。

regParams：regParams 是设置为 1 ～ 10 之间的学习参数。

加载 `CrossValidation` 和 `ParamGridBuilder` 模块以创建参数范围：

```
from pyspark.ml.tuning import CrossValidator, ParamGridBuilder

paramMapExplicit = ParamGridBuilder() \
                    .addGrid(als.rank, [8, 12]) \
                    .addGrid(als.maxIter, [10, 15]) \
                    .addGrid(als.regParam, [1.0, 10.0]) \
                    .build()
```

5. 设置 Evaluator 对象

如前所述，Evaluator 对象设置评估指标，以在交叉验证方法中的多个运行期间评估模型。

加载 `RegressionEvaluator` 模型：

```
from pyspark.ml.evaluation import RegressionEvaluator
```

调用 `RegressionEvaluator()` 方法，将评估指标设置为 `rmse`，将评估列设置为评级：

```
evaluatorR = RegressionEvaluator(metricName="rmse", labelCol="rating")
```

现在，运行交叉验证方法所需的对象已经全部准备好，即 `Estimator`、`paramMap` 和 `Evaluator`，可以运行模型。

交叉验证方法为我们提供了所有执行模型中的最佳优化模型：

```
cvExplicit = CrossValidator(estimator=als, estimatorParamMaps=paramMap,
evaluator=evaluatorR,numFolds=5)
```

使用 `fit()` 方法运行模型：

```
cvModel = cvExplicit.fit(training)

[Stage 897:=============================>                         (5 + 4)
/ 10]
[Stage 938:====================================================>  (9 + 1)
/ 10]
[Stage 1004:>(0 + 4) / 10][Stage 1005:> (0 + 0) / 2][Stage 1007:>(0 + 0) /
10]
[Stage 1008:>                                                     (3 + 4) /
200]
```

```
preds = cvModel.bestModel.transform(test)
evaluator = RegressionEvaluator(metricName="rmse",
labelCol="rating",predictionCol="prediction")
rmse = evaluator.evaluate(pred)
print("Root-mean-square error = " + str(rmse))
 rmse

0.924617823674082
```

7.6 本章小结

本章我们学习了使用 ALS 的矩阵分解方法在基于模型的协同过滤中的应用。我们使用 Python API 访问 Spark 框架，并运行 ALS 协同过滤。在本章的开始回顾了 Spark 运行推荐引擎所需的基础知识，如什么是 Spark、Spark 生态系统、Spark 组件、SparkSession、DataFrame、RDD 等。然后研究了 MovieLens 数据，构建了一个基础的推荐引擎，评估了模型，并使用了参数调优来改进模型。在第 8 章中，我们将学习如何使用图数据库 Neo4j 构建推荐。

第 8 章

通过 Neo4j 构建实时推荐

我们生活的世界是一个巨大的、相互关联的地方。世界上存在的任何事物都以某种方式连接在一起。居住在这个世界的实体之间存在着关联和关系。

大脑试图以网络和关系的形式储存或提取信息。也许这是一种更优化的表示数据的方式，以便更快更高效地存储和检索信息。如果我们有一个类似的系统会怎样。我们可以使用图，这是一种系统的并且有条理的表示数据的方法。

在开始这一章之前，必须要了解图的背景和必要性。

图理论背后的概念要归功于 18 世纪的数学家莱昂哈德·欧拉，他解决了被称为 The Bridges of Konigsberg 的古老问题，这个问题本质上是一个寻路问题。虽然本书不会进一步研究这个问题，但还是推荐读者尝试理解欧拉是如何用新范式方法理解和解决这个问题的。

图在当今世界随处可见，是处理数据最有效和最本质的方法之一。

图能以节点的形式表示两个或多个真实世界实体，以及实体之间如何连接。我们还能了解它们之间的关系，以及这些关系如何以快速、高效、直观的方式进行信息交互。因为图系统允许我们通过有表现力、结构化的方式表达任何东西，所以可以跨领域（如社交网络、医学、科学和技术等）应用。

为了更好地理解图表示，我们可以以 Facebook 上的关系网络为例。假设有三个朋友 John、Paul 和 Krish 在 Facebook 上关联。John、Krish 相互是朋友，Paul、Krish 相互是朋友，Paul 是 John 的朋友。应该如何表示这些信息呢？参考下图。

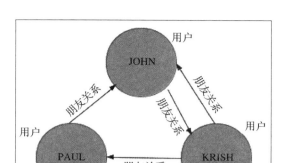

上图的数据及其关系表示是最有效和自然的方式之一。在上面的图中，John、Krish、Paul 是表示用户实体的节点，朋友关系箭头是表示节点之间关系的边。我们还可以存储用户节点的个人信息（如年龄和与他人关系的细节），作为图的属性。

通过应用图论概念，可以在网络中找到相似的用户，或者向朋友网络中的用户推荐新朋友。我们将在后面的小节中学习更多的内容。

8.1 图数据库种类

图数据库已经革新了人们发现新产品和共享信息的方式。在人类思维中，我们记忆人、事物、地方等为图、关系和网络。当我们试图从这些网络中获取信息时，我们直接进入所需的连接或图，并准确地获取信息。以类似的方式，图数据库允许我们将用户和产品信息作为节点和边（关系）存储在图中。搜索图数据库是快速的。

图数据库是一种 NoSQL 数据库，它使用图论来存储、映射和查询关系。图数据库擅长管理高度连接的数据和复杂的查询。它们主要用于分析数据之间的互连关系。这里优先考虑关系，方便我们不必像 SQL 那样处理外键。

图数据库主要由节点和边组成，节点在里面表示实体，边表示实体之间的关系。边是连接节点的直线或箭头。在上图中，圆圈是表示实体的节点，连接节点的线条称为边，表示关系。箭头的方向跟随信息流。通过展示图的所有节点和连接，帮助用户获得结构的全局视图。

Neo4j、FlockDB、AllegroGraph、GraphDB 和 InfiniteGraph 是当前可用的一些图数据库。下面介绍由 Neo Technology 实现的，其中最受欢迎之一的 Neo4j。

Neo4j 因为其强大、迅捷和可扩展而广受欢迎。它主要用 Scala 和 Java 实现。拥有社区版和企业版两种。企业版具有与社区版相同的功能，此外还具有企业级的可用性、管理、扩展和缩放等附加功能。在 RDBMS 中，性能随着关系数量的增加呈指数下降，而在 Neo4j 中是线性下降。下图展示了各种图数据库。

标签属性图

在介绍部分，我们看到了一个包含三个朋友的社交网络例子。包含实体/节点之间有向连接、节点之间的关系以及与节点和关系关联的属性的数据图表示被称为**标签属性图数据模型**。

标签属性图数据模型具有以下属性：
- 图包含节点和关系
- 节点可能包含属性（键值对）
- 节点可以拥有一个或多个标签标记
- 关系被命名和定向，并且总是有一个开始和结束节点
- 关系也可能包含属性

以上概念接下来将会介绍。

理解图数据库的核心概念

以下列举了图的所有元素：
- **节点**：节点是图的基本单位。它是图中的顶点，主要是指被引用的主要对象。节点可以包含标签和属性。从例子中，我们可以提取三个不同的对象，并制作三个节点。其中两个是朋友，另一个是电影。
- **标签**：标签是区分相同类型对象的方法。标签通常被赋予具有相似特征的每个节点。节点可以有多个标签。在例子中，我们给出了人物和电影的标签。这优化了图形遍历，并有助于有效地对模型进行逻辑查询。

- **关系**：关系是两个节点之间的边。它们可以是单向的和双向的，还可以包含为其创建关系的属性。关系被命名和定向，并且总是有一个开始和结束节点。例如，有一个朋友之间的朋友关系，这显示了不同节点之间的连接。还有一个电影节点与每个朋友之间的观看过的关系。
- **属性**：属性是键值对，可以用于节点和关系。它们用于保存关于特定节点或关系的详细信息。在例子中，人物节点具有姓名和年龄的属性。这些属性用于区分不同的节点。观看过关系拥有日期和评级的属性。

在下图中，John、Krish 和 Paul 是作为用户标签映射的节点。此外，观察显示关系的边。节点和关系都可以用属性来进一步描述。

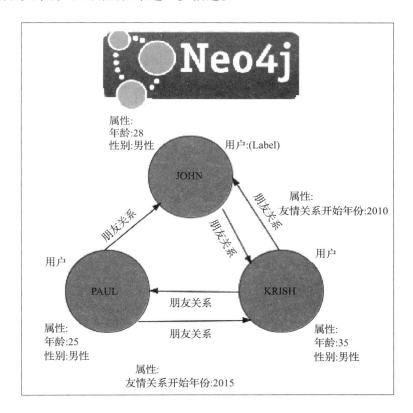

8.2 Neo4j

Neo4j 是基于 Java 和 Scala 实现的一种开源图数据库。Neo4j 高效实现了标签属性图模型。与其他数据库一样，Neo4j 提供 ACID 事务、运行时故障切换和集群支持，从而允许开发生产就绪的应用程序。该图数据库架构旨在实现有效的数据存储以及更快的节点和关系遍历。为了处理数据存储、检索和遍历，我们使用 **Cypher 查询语言**，它是基于模式匹配的 Neo4j 查询语言。

8.2.1 Cypher 查询语言

Cypher 是后跟类似 SQL 查询的 Neo4j 查询语言。它是一种声明式查询语言，侧重于从图检索什么，而不是如何检索。我们知道 Neo4j 属性图由节点和关系组成，尽管这些节点和关系是基本的构造块，图数据库的真正威力在于识别节点和关系之间存在的底层模式。如 Neo4j 这种图数据库，能帮助我们非常快速高效地执行复杂的操作。

Neo4j 的 Cypher 查询语言基于模式。这些模式用于匹配底层图结构，以便我们可以使用模式进行进一步处理，比如这里用来构建推荐引擎。

稍后会展示使用 Cypher 查询提取模式的示例。下图所示的 Cypher 查询匹配用户对之间的所有朋友关系模式，并将它们作为一个图返回。

```
Cypher 查询
MATCH(u:User) -[f:friendof]-> (m:User)  RETURN f
Above Cypher query pulls up all the friendship relations between pairs of users
```

Cypher 查询基础

在使用 Neo4j 构建推荐系统之前，来看看 Cypher 查询的基础知识。如前所述，Cypher 是后跟类似 SQL 查询的 Neo4j 查询语言。作为一种声明式语言，它侧重于从图检索什么，而不是如何检索。Cypher 的主要原理和功能如下：

❑ Cypher 匹配图中的节点和关系之间的关键模式，以从图中提取信息。
❑ Cypher 具有许多类似于 SQL 的功能，如创建、删除和更新。这些操作应用于节点和关系以获取信息。
❑ 与 SQL 类似的索引和约束也存在。

8.2.2 节点语法

Cypher 使用成对的括号 () 或成对包含文本信息的括号表示节点。此外，我们可以分配标签，以键值对形式赋予节点属性。

请参考以下示例以更好地了解概念。在以下查询中，节点用 () 或 (user) 表示，标签用 u 表示，(u:user) 和节点的属性分配有键值对 (u:user{name:'Toby'})：

```
()
(user)
(u:user)
(u:user{name:'Toby'})
```

8.2.3 关系语法

Cypher 使用 -[]-> 表示两个节点之间的关系。这些关系允许开发人员表示节点之间复杂的联系，使其更易于阅读或理解。

查看以下示例：

```
-[]->
(user) -[f:friendof]->(user)
(user) -[f:friendof {since: 2016}]->(user)
```

在前面的示例中，在两个用户节点之间建立了 friendof 关系，并且该关系包含属性 since:2016。

8.2.4 构建第一个图

现在，我们了解了节点语法和关系语法，可通过创建类似于下图的 Facebook 社交网络图来实践迄今为止学到的知识。

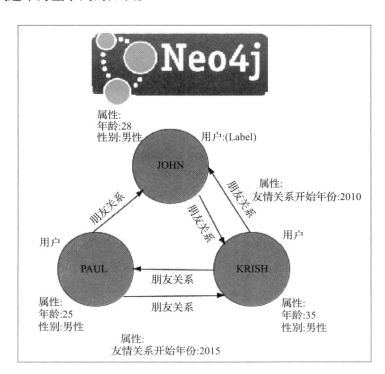

为了创建上图，需以下步骤：

1）创建标签为 JOHN、PAUL、KRISH 的 3 个人物节点
2）创建 3 个节点之间的关系
3）设置属性
4）显示与所有模式使用的结果

1. 创建节点

使用 CREATE 子句创建节点和关系等图元素。下面的示例向我们展示了如何创建一个标签为 john 且具有属性名称 JOHN 的人物节点。当我们在 Neo4j 浏览器中运行下面的查询时，可得到如下所示的图。

```
CREATE (john:Person {name:"JOHN"})  RETURN  john
```

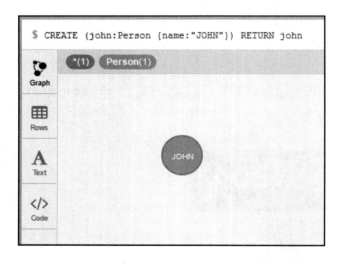

> **注意** RETURN 子句可帮助返回结果集，即 NODE-PERSON

可以创建多个节点，如下所示：

```
CREATE (paul:Person {name:"PAUL"})
CREATE (krish:Person {name:"KRISH"})
```

先前的代码将创建三个节点，人物标签分别为 JOHN、PAUL、KRISH。看看我们迄今创造了什么？要查看结果，必须使用 MATCH 子句。MATCH 子句将检查所需的模式，并使用 RETURN 子句返回检索的模式。在下面的查询中，MATCH 将查找标签名称为 k、p、j 的人物节点和相应的标签。

```
MATCH(k:Person{name:'KRISH'}),(p:Person{name:'PAUL'}),(j:Person{name:'JOHN'
}) RETURN k,p,j
```

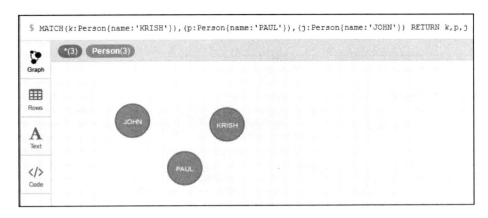

2．创建关系

随着节点创建完成，我们完成了一半工作。现在，创建关系来完成剩余部分。

创建关系的说明如下：

- 使用 MATCH 子句从数据库中提取节点
- 使用 CREATE 子句创建所需的人物之间的关系

在以下查询中，会提取所有人物节点，然后在节点之间创建名为 FRIENDOF 的关系：

```
MATCH(k:Person{name:'KRISH'}),(p:Person{name:'PAUL'}),(j:Person{name:'JOHN'
})
CREATE (k)-[:FRIENDOF]->(j)
CREATE (j)-[:FRIENDOF]->(k)
CREATE (p)-[:FRIENDOF]->(j)
CREATE (p)-[:FRIENDOF]->(k)
CREATE (k)-[:FRIENDOF]->(p)
```

下面的截图显示了运行前面的查询的结果：

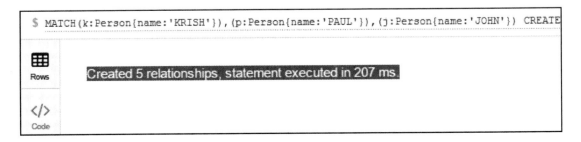

现在我们已经创建了所有需要的节点和关系。请运行以下查询以显示节点和它们之间的关系：

```
match(n:Person)-[f:FRIENDOF]->(q:Person) return f
```

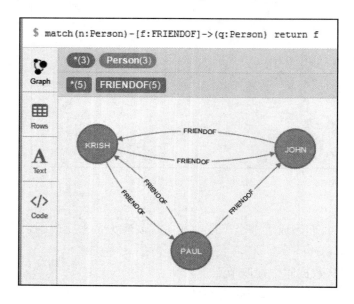

3. 为关系设置属性

最后一步是为节点标签和关系设置属性，如下：

使用 SET 子句设置属性。要为关系设置属性，我们需要遵循以下两个步骤：

1. 提取所有的关系 FRIENDOF
2. 使用 SET 子句为关系设置属性

在下面的示例中，我们将 KRISH 和 PAUL 之间的关系 FRIENDOF 的属性设置为 friendsince，如下所示：

```
MATCH (k:Person{name:'KRISH'})-[f1:FRIENDOF]-> (p:Person{name:'PAUL'}),
(k1:Person{name:'KRISH'})<-[f2:FRIENDOF]- (p1:Person{name:'PAUL'})
SET f1.friendsince = '2016', f2.friendsince = '2015'
```

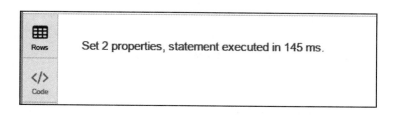

> **注意**：在前面的查询中，()-[]->模式提取关系 Krish 是 friendOfPaul，()<-[]-模式提取关系 paul 是 friendOfKrish。

结果显示如下：

```
match(n:Person)-[f:FRIENDOF]->(q:Person) return f
```

下图显示了在前面的查询中添加的节点、关系和属性。

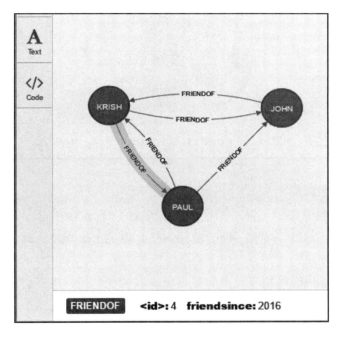

在上图中可以看到，对于 KRISH 和 PAUL，FRIENDOF 关系的属性被设置为 friendsince。同样，我们可以为节点设置属性，如下所示：

```
MATCH(k:Person{name:'KRISH'}),(p:Person{name:'PAUL'}),(j:Person{name:'JOHN'})
SET k.age = '26' ,p.age='28',
j.age='25',k.gender='M',p.gender='M',j.gender='M'
```

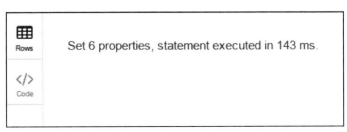

使用以下查询来验证结果，该查询显示节点、关系、标签、节点属性和关系属性：

match(n:Person)-[f:FRIENDOF]->(q:Person) return f

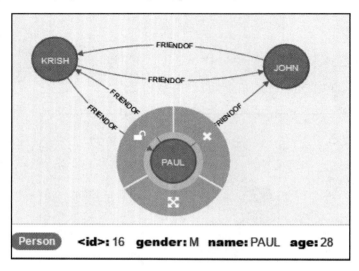

4. 从 CSV 加载数据

在上一节中，我们手动创建节点、关系和属性。大多数时候，我们通过从 CSV 文件加载数据来创建节点。为此，我们使用 Neo4j 中的 LOADCSV 命令，将数据加载到 Neo4j 浏览器中。

以下截图显示了我们将用于此节的数据集，其中包含用户电影评级数据。

下面的语句加载 CSV 数据：

```
LOAD CSV WITH HEADERS FROM 'file:///C:/ Neo4J/test.csv' AS RATINGSDATA
RETURN RATINGSDATA
```

在前面的查询中：
- **HEADERS** 关键字允许我们请求查询引擎将第一行视为头信息。
- **WITH** 关键字类似于 RETURN 关键字。它显式地将查询的部分分开，并允许我们定义应该将哪些值或变量传递到查询的下一部分。
- **AS** 关键字用于创建变量别名。

当我们运行上述查询时，会发生两件事：
- CSV 数据将被加载到图数据库中。
- **RETURN** 子句会显示加载的数据，如下面的截图所示：

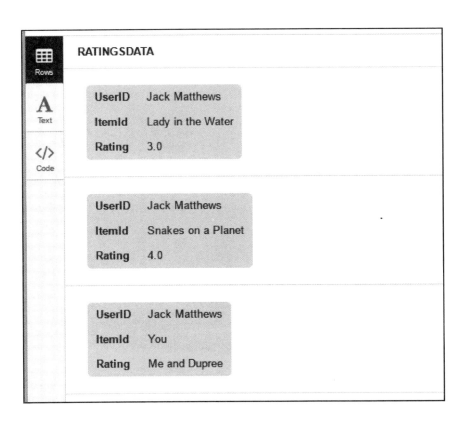

8.3　Neo4j Windows 安装

在本节中，会看到如何在 Windows 中安装 Neo4j。我们可以从以下 URL 下载 Neo4j 安装程序：

https://neo4j.com/download/

下载完安装程序后，请运行安装程序获取以下屏幕以继续安装：

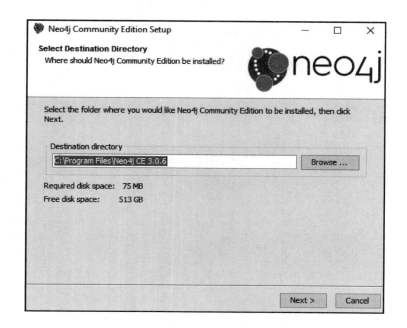

安装成功后，启动 Neo4j 社区版。首次安装会看到以下截图信息，请您选择要存储图数据库的目录，之后单击"开始"：

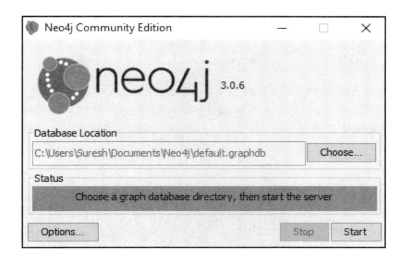

这里选择了默认目录，graphdb 数据库创建如下：

`C:\Users\Suresh\Documents\Neo4J\default.graphdb`

在我们单击"开始"按钮后，如前面的截屏所示，会启动 Neo4j 并显示如下。现在准备好开始在 Neo4j 上工作了，如下所示。

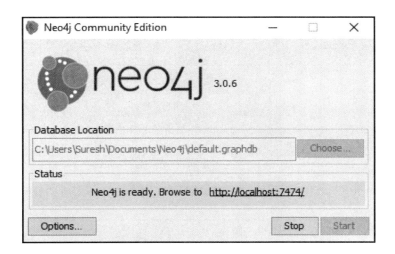

现在，Neo4j 已经启动，可以使用以下方法从浏览器访问它：

`http://localhost:7474`

8.4 Neo4j Linux 安装

本节将了解在 Linux CentOS 平台上下载和安装 Neo4j。

8.4.1 下载 Neo4j

可以从 Neo4j 主页下载 Neo4j 3 Linux 源文件的最新版本:

`https://Neo4J.com/`

单击页面上的"下载 Neo4j"按钮,如下图所示。

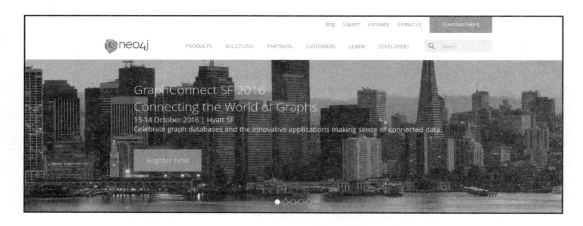

> 注意 也可以直接从以下 URL 下载它:
> http://info.Neo4J.com/download-thanks.html?edition=community&release=3.0.6&flavour=unix&_ga=1.171681440.1829638272.1475574249

如下图所示,将下载 `neo4J-community-3.0.6-unix.tar.gz` 的 `tar` 文件。

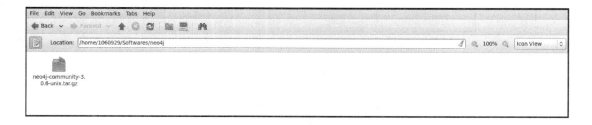

> **注意** 开发源码在 `https://Neo4J.com/developer/get-started/`。

8.4.2 设置 Neo4j

解压缩 `tar` 文件，会得到一个名为 `Neo4J-community-3.0.6` 的文件夹，其中包含以下文件。

8.4.3 命令行启动 Neo4j

Neo4j 3.0 版本需要 Java 8，要确保在 PC 中已安装。安装之前，请检查 Neo4j 要求。

一旦确认安装了 Java 8，就可以运行 Neo4j 实例，但在此之前，还需要在 bashrc 文件中设置 Neo4j 路径如下：

```
gedit ~/.bashrc
export NEO4J_PATH=/home/1060929/Softwares/Neo4J/Neo4J-community-3.0.6
export PATH=$PATH:$NEO4J_PATH/bin
source ~/.bashrc
```

使用以下命令在命令行启动 Neo4j：

```
Neo4J start
```

```
[1060929@01hw745020 home]$ neo4j start
Starting Neo4j.
WARNING: Max 1024 open files allowed, minimum of 40000 recommended. See the Neo4j manual.
Started neo4j (pid 1039). By default, it is available at http://localhost:7474/
There may be a short delay until the server is ready.
See /home/1060929/Softwares/neo4j/neo4j-community-3.0.6/logs/neo4j.log for current status.
[1060929@01hw745020 home]$ gedit ~/.bashrc
```

可以观察到 Neo4j 已经启动，可以使用链接 `http://localhost:7474/` 在浏览器访问图 dbcapabilites。

首次在浏览器中运行 Neo4j 需要设置用户名和密码，如下图所示。

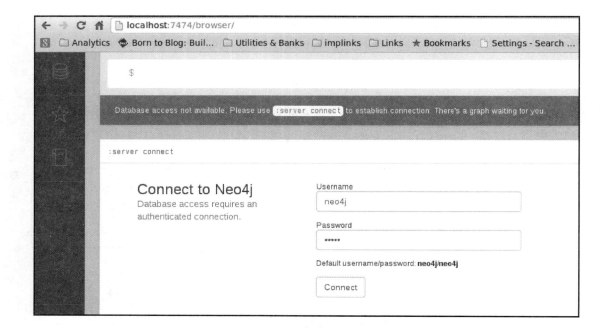

密码设置完成后，它将重定向到以下页面：

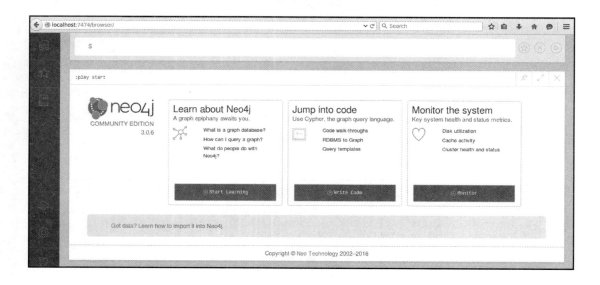

如果是第一次使用它，需要在浏览器上花一些时间了解其功能，还要研究左侧面板上可用的不同选项。在浏览器中输入以下命令以显示连接详细信息：

```
:server connect
```

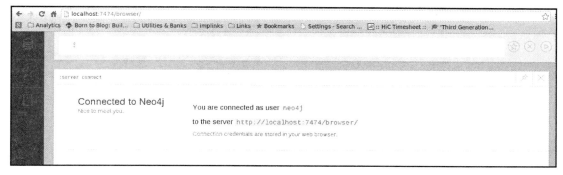

```
basic usage :
getting help on Neo4J in the browser:
:help
```

8.5 构建推荐引擎

本节将学习如何使用三种方法生成协同过滤推荐系统。如下：
- 共同电影评级简单计数
- 欧氏距离
- 余弦相似度

需要强调一下。在之前的章节中，了解到当使用启发式方法构建推荐引擎时，使用如欧氏距离/余弦距离相似度计算。但不必非要只使用这些办法，还可以自由选择自己的计算方式。如通过简单的计数来计算两个用户之间的相似度。举个例子，两个用户之间的相似度可以通过计算两个用户共同评级的相同电影的数目来提取。如两个用户有更多的相同电影评级，那么可以假设他们彼此相似。又或者两人评级相同电影的数量较少，可以假设他们的偏好不同。

此假设可以用于构建第一个推荐引擎，详情如下。

要构建一个协同过滤电影推荐引擎，需要先基于用户过去的电影评级行为构建一个系统。遵循的步骤可归纳如下：

1. 将数据加载到环境中
2. 提取关系与用户间相似度
3. 推荐步骤

8.5.1 将数据加载到 Neo4j

将数据加载到 Neo4j 有多种方法，此处使用 `load CSV` 选项将数据导入到浏览器工具。下图显示加载 CSV 过程的工作流。

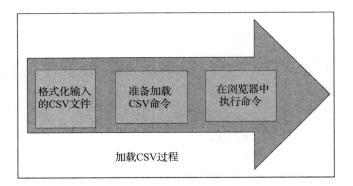

本节使用的数据集是包含 Users-Movies-Ratings 的小样本数据集，如下图所示。

```
1   Jack Matthews,Lady in the Water,3.0
2   Jack Matthews,Snakes on a Planet,4.0
3   Jack Matthews,You, Me and Dupree,3.5
4   Jack Matthews,Superman Returns,5.0
5   Jack Matthews,The Night Listener,3.0
6   Mick LaSalle,Lady in the Water,3.0
7   Mick LaSalle,Snakes on a Planet,4.0
8   Mick LaSalle,Just My Luck,2.0
9   Mick LaSalle,Superman Returns,3.0
10  Mick LaSalle,You, Me and Dupree,2.0
11  Mick LaSalle,The Night Listener,3.0
12  Claudia Puig,Snakes on a Planet,3.5
13  Claudia Puig,Just My Luck,3.0
14  Claudia Puig,You, Me and Dupree,2.5
15  Claudia Puig,Superman Returns,4.0
16  Claudia Puig,The Night Listener,4.5
17  Lisa Rose,Lady in the Water,2.5
18  Lisa Rose,Snakes on a Planet,3.5
19  Lisa Rose,Just My Luck,3.0
20  Lisa Rose,Superman Returns,3.5
21  Lisa Rose,The Night Listener,3.0
22  Lisa Rose,You, Me and Dupree,2.5
23  Toby,Snakes on a Planet,4.5
24  Toby,Superman Returns,4.0
25  Toby,You, Me and Dupree,1.0
26  Gene Seymour,Lady in the Water,3.0
27  Gene Seymour,Snakes on a Planet,3.5
28  Gene Seymour,Just My Luck,1.5
29  Gene Seymour,Superman Returns,5.0
30  Gene Seymour,You, Me and Dupree,3.5
31  Gene Seymour,The Night Listener,3.0
32  Michael Phillips,Lady in the Water,2.5
33  Michael Phillips,Snakes on a Planet,3.0
34  Michael Phillips,Superman Returns,3.5
```

将 MovieLens 数据加载到 Neo4j 浏览器工具中，如下所示：

```
LOAD CSV WITH HEADERS FROM file:///ratings.csv AS line
```

现在，创建用户和电影作为节点，以及将用户对电影的评级作为关系。

MERGE 子句将在数据中找到查询模式，如果找不到那么它将创建一个。在下面的示例中，首先它寻找一个用户节点（模式），如果不存在的话，则创建一个。由于刚刚将数据加载到 GraphDB，我们需要创建节点并建立关系。以下代码将首先查找所提到的节点和关系。如果未发现，则将创建新节点和关系：

```
LOAD CSV WITH HEADERS FROM file:///C:/Neo4J/test.csv AS line MERGE (U:USER
{USERID : line.UserID})
WITH line, U
MERGE (M:MOVIE {ITEMID : line.ItemId)
WITH line,M,U
MERGE (U)-[:hasRated{RATING:line.Rating}]->(M);
```

运行上述的查询时，节点、关系和属性将如以下截图所示。

Added 13 labels, created 13 nodes, set 48 properties, created 35 relationships, statement executed in 276 ms.

接下来，将逐行了解以加深理解。

MERGE 从原始数据中的 UserID 列中创建 USER 节点：

```
MERGE (U:USER {USERID : line.UserID})
```

WITH 命令将 USER 节点和 line 对象传递到查询的下一部分，如下所示：

```
WITH line, U
```

使用 MERGE 和 line.ItemId 对象创建 MOVIE 节点，如下所示：

```
MERGE (M:MOVIE {ITEMID : line.ItemId})
```

将电影、用户节点和 line 对象传递到查询的下一部分，如下所示：

```
WITH line,M,U
```

在用户节点和电影节点之间创建一个关系如下:

MERGE (U)-[:hasRated{RATING:line.Rating}]->(M);

将数据加载到Neo4j,可以图形化显示用户、电影和电影评级数据,如下所示:

MATCH (U:USER)-[R:hasRated]->(M:MOVIE) RETURN R

在下图中,所有创建的用户用绿色表示,而创建的电影用红色表示。箭头与方向表示关系。

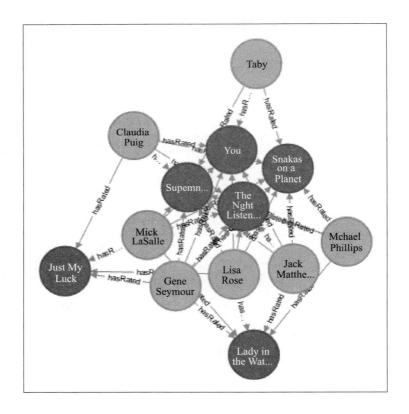

8.5.2 使用 Neo4j 生成推荐

到此,已经用 Neo4j 创建了构建第一个推荐引擎所需的所有图。下面开始构建推荐引擎。

> **注意** 在以下查询,COUNT()函数计算实例的数量,collect()也同样适用。

下面的返回结果截屏显示的是用户"TOBY"的电影推荐：

```
match(u1:USER)-[:hasRated]->(i1:MOVIE)<-[:hasRated]-(u2:USER)-
[:hasRated]->(i2:MOVIE)
with u1,u2, count(i1) as cnt , collect(i1) as Shareditems,i2
where not(u1-[:hasRated]->i2) and u1.USERID='Toby' and cnt> 2
return distinct i2.ITEMID as Recommendations
```

以下截图显示了运行上述的查询时，对 Toby 的推荐结果：

上面的查询给出推荐结果的背后概念如下：
- 提取对相同电影评级的用户对
- 统计每对用户评级相同电影的数量
- 对相同电影评级越多，两个用户就越相似
- 最后一步是提取相似用户评级过、但没有被活跃用户评级的所有电影，并将这些新电影作为对活跃用户的推荐

下面一步一步理解刚才看到的查询：
- 第 1 行中，为每个对电影（例如 MOVIE1）评级过的用户（例如 USER1），选择所有也评级过 MOVIE1 的用户（例如 USER2）。当然对于 USER2，除了 MOVIE1 之外，还提取他评级过的其他电影。
- 第 2 行中，取相似的用户（u1、u2），计算 u1、u2 共同评级过的电影总数，并将 u1、u2 共同评级过的电影传递到查询的下一部分。
- 第 3 行中，应用一个过滤器，在共同评级电影数大于 2 的情况中，选择那些没有被 u1 评级过的电影。
- 第 4 行中，返回相似用户评级过的新电影给 u1 作为推荐。

8.5.3　使用欧氏距离进行协同过滤

前面介绍了如何使用基于简单计数的方法来构建推荐引擎，从而识别相似用户，然后从相似用户中选择活跃用户未评级或未被推荐的电影。

本节将不简单基于共同评级电影简单计数来计算两个用户之间的相似度，而是利用评级信息计算欧氏距离，得出相似度分数。

以下 Cypher 查询将根据欧氏距离相似度为用户 Toby 生成推荐：

1. 第一步是按电影提取共同评级用户，并计算共同评级用户之间的欧氏距离如下：

```
MATCH (u1:USER)-[x:hasRated]-> (b:MOVIE)<-[y:hasRated]-
  (u2:USER)
WITH count(b) AS CommonMovies, u1.username AS user1,
  u2.username AS user2, u1, u2,
collect((toFloat(x.RATING)-toFloat(y.RATING))^2) AS ratings,
collect(b.name) AS movies
WITH CommonMovies, movies, u1, u2, ratings
MERGE (u1)-[s:EUCSIM]->(u2) SET s.EUCSIM = 1-
  (SQRT(reduce(total=0.0, k in extract(i in ratings |
    i/CommonMovies) | total+k))/4)
```

> 注意：在这个代码中，使用 reduce() 和 extract() 计算欧氏距离。为了应用数学计算，在下面的查询中使用 float() 函数将值更改为了浮点数。

要查看用户对之间的欧氏距离值，可以执行以下查询：

```
MATCH (u1:USER)-[x:hasRated]-> (b:MOVIE)<-[y:hasRated]-
  (u2:USER)
WITH count(b) AS CommonMovies, u1.username AS user1,
  u2.username AS user2, u1, u2,
collect((toFloat(x.RATING)-toFloat(y.RATING))^2) AS ratings,
collect(b.name) AS movies
WITH CommonMovies, movies, u1, u2, ratings
MERGE (u1)-[s:EUCSIM]->(u2) SET s.EUCSIM = 1-
  (SQRT(reduce(total=0.0, k in extract(i in ratings |
    i/CommonMovies) | total+k))/4) return s as SIMVAL,
      u1.USERID as USER,u2.USERID as Co_USER;
```

SIMVAL	USER	Co_USER
EUCSIM 0.7397917500667335	Claudia Puig	Toby
EUCSIM 0.7204915028125263	Toby	Michael Phillips
EUCSIM 0.7348349570550448	Claudia Puig	Jack Matthews

2. 在第二步中，使用公式 *sqrt(sum((R1−R2)*(R1−R2)))* 计算欧氏距离，其中 *R1* 为 Toby 对 movie1 的评级，*R2* 为另一共同评级用户对 movie1 的评级，我们取前三位相似用户，如下所示：

```
MATCH (p1:USER {USERID:'Toby'})-[s:EUCSIM]-(p2:USER)
WITH p2, s.EUCSIM AS sim
ORDER BY sim DESC
RETURN distinct p2.USERID AS CoReviewer, sim AS similarity
```

3. 最后一步是从前三个相似用户为 Toby 推荐未评级过的电影，如下所示：

```
MATCH (b:USER)-[r:hasRated]->(m:MOVIE), (b)-[s:EUCSIM]-(a:USER
   {USERID:'Toby'})
WHERE NOT((a)-[:hasRated]->(m))
WITH m, s.EUCSIM AS similarity, r.RATING AS rating
ORDER BY m.ITEMID, similarity DESC
WITH m.ITEMID AS MOVIE, COLLECT(rating) AS ratings
WITH MOVIE, REDUCE(s = 0, i IN ratings |toInt(s) +
   toInt(i))*1.0 / size(ratings) AS reco
ORDER BY recoDESC
RETURN MOVIE AS MOVIE, reco AS Recommendation
```

MOVIE	Recommendation
The Night Listener	3.3333333333333335
Lady in the Water	2.6
Just My Luck	2.25

下面详细解释前面的查询。

1. 正如在第一步中解释的，按用户提取共同评级电影及其评级。

本例中，Toby 评级了三部电影。现在需要提取其他和 Toby 共同评级过三部相同电影的用户。使用以下查询：

```
MATCH (u1:USER{USERID:'Toby'})-[x:hasRated]-> (b:MOVIE)<-
   [y:hasRated]-(u2:USER)
return u1, u2,
collect(b.ITEMID) AS CommonMovies,
collect(x.RATING) AS user1Rating,
collect(y.RATING) AS user2Rating
```

u1	u2	CommonMovies	user1Rating	user2Rating
USERID Toby	USERID Jack Matthews	[You Me and Dupree, Superman Returns, Snakes on a Planet]	[1.0, 4.0, 4.5]	[3.5, 5.0, 4.0]
USERID Toby	USERID Michael Phillips	[Superman Returns, Snakes on a Planet]	[4.0, 4.5]	[3.5, 3.0]
USERID Toby	USERID Mick LaSalle	[You Me and Dupree, Superman Returns, Snakes on a Planet]	[1.0, 4.0, 4.5]	[2.0, 3.0, 4.0]
USERID Toby	USERID Gene Seymour	[You Me and Dupree, Superman Returns, Snakes on a Planet]	[1.0, 4.0, 4.5]	[3.5, 5.0, 3.5]
USERID Toby	USERID Claudia Puig	[You Me and Dupree, Superman Returns, Snakes on a Planet]	[1.0, 4.0, 4.5]	[2.5, 4.0, 3.5]
USERID Toby	USERID Lisa Rose	[You Me and Dupree, Superman Returns, Snakes on a Planet]	[1.0, 4.0, 4.5]	[2.5, 3.5, 3.5]

2. 第二步是计算其他用户对每一个共同评级电影的评级与 Toby 之间的欧氏距离，使用以下查询计算：

```
MATCH (u1:USER)-[x:hasRated]-> (b:MOVIE)<-[y:hasRated]-
  (u2:USER)
WITH count(b) AS CommonMovies, u1.username AS user1,
  u2.username AS user2, u1, u2,
collect((toFloat(x.RATING)-toFloat(y.RATING))^2) AS ratings,
collect(b.name) AS movies
WITH CommonMovies, movies, u1, u2, ratings
MERGE (u1)-[s:EUCSIM]->(u2) SET s.EUCSIM = 1-
  (SQRT(reduce(total=0.0, k in extract(i in ratings |
    i/CommonMovies) | total+k))/4)
```

在上面的查询中，通过 MERGE 子句，创建并合并与每个共同评级用户之间的新关系，来表示两个用户之间的距离。此外，使用 SET 子句将关系的属性设置为 EUCSIM（它表示与每个共同评级用户之间的欧氏距离）。

现在已经创建了新的关系，并设置了相似距离的值，查看以下查询所给出的结果：

```
MATCH (p1:USER {USERID:'Toby'})-[s:EUCSIM]-(p2:USER)
WITH p2, s.EUCSIM AS sim
ORDER BY sim DESC
RETURN distinct p2.USERID AS CoReviewer, sim AS similarity
```

以下截图显示了 Toby 与其他用户的相似度。

CoReviewer	similarity
Mick LaSalle	0.7834936490538904
Claudia Puig	0.7397917500667335
Lisa Rose	0.7299691375663392
Michael Phillips	0.7204915028125263
Jack Matthews	0.6047152924789525
Gene Seymour	0.585421901205575

3. 最后一步是预测 Toby 未评级的电影，然后推荐预测最高评级项目。为了实现这一目标，采用以下步骤：

- 提取与 Toby 相似用户评级过、但 Toby 自己未评级过的电影。
- 取 Toby 未评级电影的评级并取平均值，预测 Toby 可能对这些电影的评级。
- 按预测评级，以降序显示排序结果。

要实现这一点，使用以下查询：

```
MATCH (b:USER)-[r:hasRated]->(m:MOVIE), (b)-[s:EUCSIM]-(a:USER
  {USERID:'Toby'})
WHERE NOT((a)-[:hasRated]->(m))
WITH m, s.EUCSIM AS similarity, r.RATING AS rating ORDER BY
  similarity DESC
WITH m.ITEMID AS MOVIE, COLLECT(rating) AS ratings
WITH MOVIE, REDUCE(s = 0, i IN ratings |toInt(s) +
  toInt(i))*1.0 / size(ratings) AS reco
ORDER BY reco DESC
RETURN MOVIE AS MOVIE, reco AS Recommendation
```

MOVIE	Recommendation
The Night Listener	3.3333333333333335
Lady in the Water	2.6
Just My Luck	2.25

接下来一行一行理解推荐查询。

以下查询获得与 Toby 相似的所有用户的模式以及相似用户评级过的所有电影，如下所示：

```
MATCH (b:USER)-[r:hasRated]->(m:MOVIE), (b)-[s:EUCSIM]-(a:USER
{USERID:'Toby'})
```

WHERE NOT 子句会滤出所有相似用户评级过而 Toby 没有评级过的电影，如下所示：

```
WHERE NOT((a)-[:hasRated]->(m))
```

相似用户提供的电影、相似度值和评级使用 WITH 子句被传递到查询的下一部分，结果通过相似度值降序排序如下：

```
WITH m, s.EUCSIM AS similarity, r.RATING AS rating ORDER BY similarity DESC
```

在根据相似度值对结果进行排序后，进一步使用 WITH 子句将值（如电影名称和评级）传到查询的下一部分，如下所示：

```
WITH m.ITEMID AS MOVIE, COLLECT(rating) AS ratings
```

这是向 Toby 推荐电影的主要步骤，预测 Toby 对未评级电影的评级，通过取与 Toby 相似用户对电影评级的平均值，使用 REDUCE 子句，如下：

```
WITH MOVIE, REDUCE(s = 0, i IN ratings |toInt(s) + toInt(i))*1.0 /
size(ratings) AS reco
```

最后，对最终结果进行排序，将排名靠前电影返回给 Toby，如下：

```
ORDER BY recoDESC
RETURN MOVIE AS MOVIE, reco AS Recommendation
```

8.5.4 使用余弦相似度进行协同过滤

我们已经看到了基于简单计数和基于欧氏距离识别相似用户的推荐，现在使用余弦相似度来计算用户之间的相似度。

使用下面的查询创建用户之间的新关系（称为相似度）：

```
MATCH (p1:USER)-[x:hasRated]->(m:MOVIE)<-[y:hasRated]-(p2:USER)
WITH SUM(toFloat(x.RATING) * toFloat(y.RATING)) AS xyDotProduct,
SQRT(REDUCE(xDot = 0.0, a IN COLLECT(toFloat(x.RATING)) | xDot
+toFloat(a)^2)) AS xLength,
SQRT(REDUCE(yDot = 0.0, b IN COLLECT(toFloat(y.RATING)) | yDot +
toFloat(b)^2)) AS yLength,
p1, p2
MERGE (p1)-[s:SIMILARITY]-(p2)
SET s.similarity = xyDotProduct / (xLength * yLength)
```

 Set 42 properties, created 21 relationships, statement executed in 292 ms.

接下来讨论一下相似度值：

`match(u:USER)-[s:SIMILARITY]->(u2:USER) return s;`

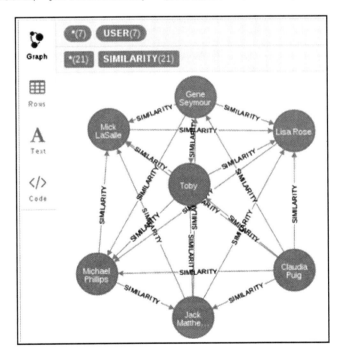

如下计算 Toby 的相似用户。

对于活跃用户 Toby，显示他与其他用户的相似度值，如下所示：

```
MATCH (p1:USER {USERID:'Toby'})-[s:SIMILARITY]-(p2:USER)
WITH p2, s.similarity AS sim
ORDER BY sim DESC
LIMIT 5
RETURN p2.USERID AS Neighbor, sim AS Similarity
```

以下图像显示运行之前的 Cypher 查询的结果。

Neighbor	Similarity
Lisa Rose	0.9982743731749959
Mick LaSalle	0.9965457582448796
Claudia Puig	0.9921572222264535
Michael Phillips	0.9908301680442989
Jack Matthews	0.9856838997418295

Returned 5 rows in 42 ms.

现在可以开始向 Toby 推荐电影。推荐过程与之前的做法非常类似，请参考上一节。代码如下：

```
MATCH (b:USER)-[r:hasRated]->(m:MOVIE), (b)-[s:SIMILARITY]-(a:USER
  {USERID:'Toby'})
WHERE NOT((a)-[:hasRated]->(m))
WITH m, s.similarity AS similarity, r.RATING AS rating
ORDER BY m.ITEMID, similarity DESC
WITH m.ITEMID AS MOVIE, COLLECT(rating) AS ratings
WITH MOVIE, REDUCE(s = 0, i IN ratings |toInt(s) + toInt(i))*1.0 /
  size(ratings) AS reco
ORDER BY reco DESC
RETURN MOVIE AS MOVIE, reco AS Recommendation
```

MOVIE	Recommendation
The Night Listener	3.3333333333333335
Lady in the Water	2.6
Just My Luck	2.25

8.6 本章小结

恭喜使用 Neo4j 图数据库完成了创建推荐引擎。回顾一下在这章学到了什么。本章从一个非常简短的图和图数据库介绍开始。介绍了 Neo4j 图数据库的核心概念，如标签属性图模型、节点、标签、关系、Cypher 查询语言、模式、节点语法和关系语法。

还谈到了在构建推荐引擎方面非常有用的 Cypher 子句，例如 MATCH、CREATE、LOADCSV、RETURN、AS 和 WITH。

之后介绍了从 Windows 和 Linux 平台的浏览器工具安装和设置 Neo4j。

构建推荐引擎的整个工作环境设置完成后，我们选择了电影评级样本数据，实现了三种协同过滤，基于简单距离、基于欧氏相似度和基于余弦相似度进行推荐。在第 9 章中，将探讨使用 Hadoop 上的机器学习库 Mahout 构建可扩展的推荐系统。

第 9 章

使用 Mahout 构建可扩展的推荐引擎

设想一下，你刚刚推出一个电子商务网站出售你设计的衣服，并且生意幸运地顺利启动，成为一个成功的尝试。随着越来越多的网络流量进入你的站点，最明智的选择是在该网站上部署一个推荐引擎，特征如：访问某些项目的人也会访问和当前项目相似的其他项目。因为网站是刚成立并且很成功，你使用流行的工具（如 R 和 Python）实现了一个推荐引擎。推荐功能也已部署并且工作良好，这些为业务的成功增加了更多的商业价值。随着业务量和用户量不断增加，最可能面临的问题是客户开始抱怨网站响应越来越慢。

在分析问题产生的根源时，显而易见的原因是增加的推荐特征正在使网站变慢。出现这种情况是由于提供推荐的协同过滤算法的局限性造成的。每次计算用户之间的相似度时，都会将全部用户数据加载到内存中。而这种操作只能在小用户量基础上才能实现快速运行。假设有一个庞大的用户基数，比如一百万个用户，协同过滤模型就会抛出内存异常。通过增加内存，可以在一定程度上解决这个问题，但仍然不会有太大改善。增加内存将不是最好的办法，因为它会提高基础架构成本。

最好的方法是在分布式平台上重新设计推荐引擎，例如 Hadoop 平台。这就是 Apache Mahout（如下图所示）的用武之地，它是为分布式平台 Apache Hadoop 构建的开源机器学习库。

本章会涉及以下几节：
- Mahout 简介
- 设置 Mahout 单机和分布式模式
- Mahout 的核心构建模块
- 利用 Mahout 构建和评估推荐引擎，例如基于用户的协同过滤、基于项目的协同过滤、SVD 推荐引擎和 ALS 推荐引擎

9.1 Mahout 简介

Apache Mahout 是在 Apache Hadoop 之上构建的开源 Java 库,它提供了大规模机器学习算法。虽然这个库最初是使用 MapReduce 范式启动的,框架目前提供到 Apache Spark、H2O 和 Apache Flink 的绑定。Mahout 的最新版本支持协同过滤推荐引擎、聚类、分类、降维、H2O 和 Spark 绑定。

Mahout 0.12.2 的主要特征如下:
- 用于构建可扩展算法的可扩展编程环境与框架
- 支持 Apache Spark、Apache Flink 和 H2O 算法
- Samsare,一个类似于 R 编程语言的向量数学环境

正如前面部分提到的,虽然 Mahout 可以做很多事情,但本章的讨论内容仅限于使用 Mahout 构建推荐引擎。Mahout 支持单机模式,其中推荐模型或应用程序部署在单个服务器上。也支持分布式模式,其中推荐模型部署在分布式平台上。

9.2 配置 Mahout

本节介绍在单机和分布式模式下配置 Mahout。

9.2.1 Mahout 单机模式

单机模式通常涉及两个步骤:
- 将 Mahout 库添加到需要使用 Mahout 功能的 Java 应用程序中
- 调用 Mahout 推荐引擎函数构建推荐应用程序

运行使用 Mahout 的应用程序需要将以下依赖项添加到 Java Maven 项目的 pom.xml 文件:

```
18  <dependency>
19      <groupId>org.apache.mahout</groupId>
20      <artifactId>mahout-math</artifactId>
21      <version>0.12.2</version>
22  </dependency>
23  <dependency>
24      <groupId>org.apache.mahout</groupId>
25      <artifactId>mahout-mr</artifactId>
26      <version>0.12.2</version>
27  </dependency>
```

上述依赖项将下载运行 Mahout 所需的 jar 和库，请参看下图。

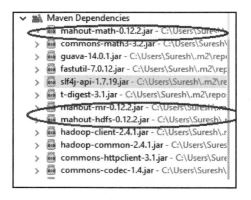

另一步是去 Apache Mahout 官方网站，下载所需的 Mahout jar 文件，下载链接：http://mahout.apache.org/general/downloads.html。

如下为网站截图。

只需要下载 tar 文件（tar 文件是可执行文件），因为我们只需要 Mahout 的 jar 文件来构建推荐引擎，如下图所示。

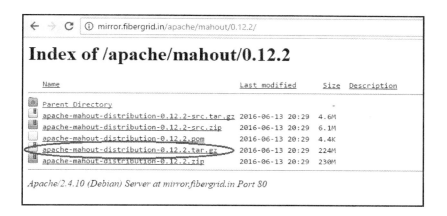

下载 tar 文件后，提取所有文件并把所需的 jar 文件添加到 Java 应用程序，如下图所示。

通过这个基础的配置，开始使用 Java Eclipse 构建一个基础的推荐引擎。步骤如下：

1. 在 Eclipse 中创建一个 Java Maven 项目，使用以下属性选择，如下图所示。

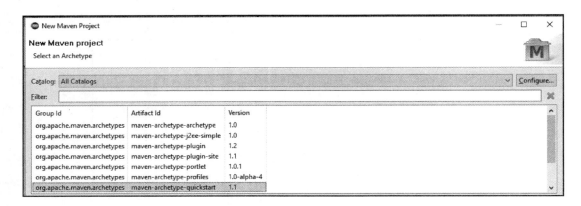

添加 **Artifact Id** 为"recommendations"，如下图所示。

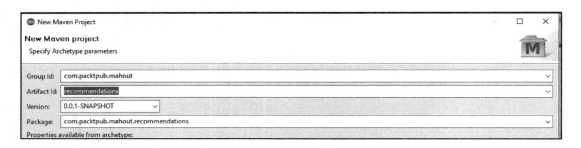

2. 一个 Maven 项目会被创建，包含一个默认类 app.java。可以在这个类中进行修改，从而构建我们的推荐引擎，如下图所示。

```
package com.packtpub.mahout.recommenders;

public class app {

    public static void main(String[] args) {
        // TODO Auto-generated method stub

    }
}
```

3. 将 Java 运行时设置为 1.7 或更高，如下图所示。

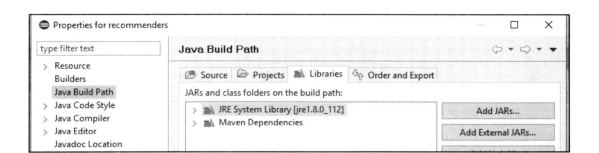

4.设置所需的 Maven 依赖项，如 **mahout-mr**、**mahout-math**、**slf4j-log4j**、**commons-math3**、**guava**，这将下载运行应用程序所需的 jar，截图如下。

```xml
<properties>
    <project.build.sourceEncoding>UTF-8</project.build.sourceEncoding>
</properties>
<dependencies>
<dependency>
    <groupId>org.apache.mahout</groupId>
    <artifactId>mahout-math</artifactId>
    <version>0.12.2</version>
</dependency>
<dependency>
    <groupId>org.apache.mahout</groupId>
    <artifactId>mahout-mr</artifactId>
    <version>0.12.2</version>
</dependency>
<dependency>
    <groupId>org.slf4j</groupId>
    <artifactId>slf4j-api</artifactId>
    <version>1.7.21</version>
</dependency>
<dependency>
    <groupId>org.slf4j</groupId>
    <artifactId>slf4j-log4j12</artifactId>
    <version>1.7.21</version>
</dependency>
<dependency>
    <groupId>com.google.guava</groupId>
    <artifactId>guava</artifactId>
    <version>19.0</version>
</dependency>
<dependency>
    <groupId>org.apache.commons</groupId>
    <artifactId>commons-math3</artifactId>
```

5.这些依赖项截图如下。

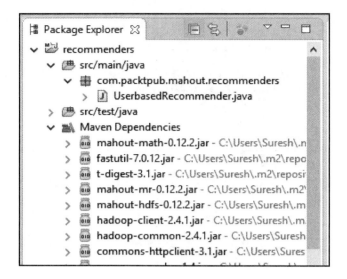

6. 在项目中创建一个名为 data 的文件夹并创建一个样本数据集，截图如下。

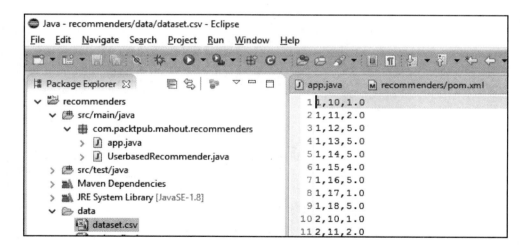

7. 将 app.java 重命名为 UserbasedRecommender.java。在该 Java 类里面编写代码构建基础的基于用户的推荐系统。

```
package com.packtpub.mahout.recommenders;

import java.io.File;
import java.io.IOException;
import java.util.List;

import org.apache.mahout.cf.taste.common.TasteException;
```

```java
import org.apache.mahout.cf.taste.impl.model.file.FileDataModel;
import org.apache.mahout.cf.taste.impl.neighborhood.ThresholdUserNeighborhood;
import org.apache.mahout.cf.taste.impl.recommender.GenericUserBasedRecommender;
import org.apache.mahout.cf.taste.impl.similarity.PearsonCorrelationSimilarity;
import org.apache.mahout.cf.taste.model.DataModel;
import org.apache.mahout.cf.taste.neighborhood.UserNeighborhood;
import org.apache.mahout.cf.taste.recommender.RecommendedItem;
import org.apache.mahout.cf.taste.recommender.UserBasedRecommender;
import org.apache.mahout.cf.taste.similarity.UserSimilarity;

//class for generating User Based Recommendation
public class UserbasedRecommender
{
    public static void main( String[] args ) throws TasteException, IOException
    {
    //creating data model
        DataModel model = new FileDataModel(new File("data/dataset.csv"));
    // creating pearson similarity between users
    UserSimilarity similarity = new PearsonCorrelationSimilarity(model);
        //creating user neighborhood
           UserNeighborhood neighborhood = new ThresholdUserNeighborhood(0.1,
similarity, model);
      // creating recommender model
           UserBasedRecommender recommender = new
GenericUserBasedRecommender(model, neighborhood, similarity);
        //generating 3 recommendations for user 2
    List<RecommendedItem> recommendations = recommender.recommend(2, 3);
    for (RecommendedItem recommendation : recommendations) {
      System.out.println(recommendation);
    }
    }
}
```

运行上述代码生成为 user2 的推荐，结果如下图所示。

```
log4j:WARN No appenders could be found for logger (org.apache.mahout.cf.taste.impl.model.file.FileDataModel).
log4j:WARN Please initialize the log4j system properly.
log4j:WARN See http://logging.apache.org/log4j/1.2/faq.html#noconfig for more info.
RecommendedItem[item:12, value:4.8328104]
RecommendedItem[item:13, value:4.6656213]
RecommendedItem[item:14, value:4.331242]
```

截至目前，我们创建了第一个基于用户的推荐引擎。也许你会有很多疑问，但在接下来的几节里，一切都会变得更加清晰。本节只需理解如何在单机中使用Mahout库来构建推荐引擎。

9.2.2 Mahout分布式模式

我们已经介绍了如何在单机模式下使用Mahout库。本节将了解如何在分布式平台上设置Mahout，如HDFS。以下是设置Mahout的要求：

- Java 7 或以上版本
- Apache Hadoop
- Apache Mahout

如何配置Java 7和安装Hadoop不在本书介绍范围内，关于这些内容读者可以在网上找到。现在假设Hadoop已经配置好，请按照以下步骤设置Mahout。

从Apache Mahout官方网站中下载最新的Mahout版本，如前所述。

环境配置如下：

```
Export JAVA_HOME = path/to/java7 or more
export MAHOUT_HOME = /home/softwares/ apache-mahout-distribution-0.12.2
export MAHOUT_LOCAL = true #for standalone mode
export PATH = $MAHOUT_HOME/bin
export CLASSPATH = $MAHOUT_HOME/lib:$CLASSPATH
```

 MAHOUT_LOCAL 没有设置，以在Hadoop集群中使用。

配置环境变量完成后，在命令行中敲入以下命令以在分布式平台上运行推荐引擎。

下面的代码使用对数似然相似度生成基于项目的推荐：

```
mahout recommenditembased -s SIMILARITY_LOGLIKELIHOOD -i mahout/data.txt -o mahout/output1 --numRecommendations 25

[cloudera@quickstart ~]$ mahout recommenditembased -s
SIMILARITY_LOGLIKELIHOOD -i mahout/data.txt -o mahout/output1 --
numRecommendations 25
MAHOUT_LOCAL is not set; adding HADOOP_CONF_DIR to classpath.
Running on hadoop, using /usr/lib/hadoop/bin/hadoop and
HADOOP_CONF_DIR=/etc/hadoop/conf
MAHOUT-JOB: /usr/lib/mahout/mahout-examples-0.9-cdh5.4.0-job.jar
16/11/10 11:05:09 INFO common.AbstractJob: Command line arguments: {--
booleanData=[false], --endPhase=[2147483647], --input=[mahout/data.txt], --
maxPrefsInItemSimilarity=[500], --maxPrefsPerUser=[10], --
maxSimilaritiesPerItem=[100], --minPrefsPerUser=[1], --
```

第 9 章 使用 Mahout 构建可扩展的推荐引擎

```
numRecommendations=[25], --output=[mahout/output1], --
similarityClassname=[SIMILARITY_LOGLIKELIHOOD], --startPhase=[0], --
tempDir=[temp]}
16/11/10 11:05:09 INFO common.AbstractJob: Command line arguments: {--
booleanData=[false], --endPhase=[2147483647], --input=[mahout/data.txt], --
minPrefsPerUser=[1], --output=[temp/preparePreferenceMatrix], --
ratingShift=[0.0], --startPhase=[0], --tempDir=[temp]}
16/11/10 11:05:10 INFO Configuration.deprecation: mapred.input.dir is
deprecated. Instead, use mapreduce.input.fileinputformat.inputdir
16/11/10 11:05:10 INFO Configuration.deprecation:
mapred.compress.map.output is deprecated. Instead, use
mapreduce.map.output.compress
16/11/10 11:05:10 INFO Configuration.deprecation: mapred.output.dir is
deprecated. Instead, use mapreduce.output.fileoutputformat.outputdir
16/11/10 11:05:11 INFO client.RMProxy: Connecting to ResourceManager at
/0.0.0.0:8032
16/11/10 11:05:20 INFO input.FileInputFormat: Total input paths to process
: 1
16/11/10 11:05:22 INFO mapreduce.JobSubmitter: number of splits:1
16/11/10 11:05:24 INFO mapreduce.JobSubmitter: Submitting tokens for job:
job_1478802142793_0003
16/11/10 11:05:42 INFO impl.YarnClientImpl: Submitted application
application_1478802142793_0003
16/11/10 11:05:52 INFO mapreduce.Job: The url to track the job:
http://quickstart.cloudera:8088/proxy/application_1478802142793_0003/
16/11/10 11:05:52 INFO mapreduce.Job: Running job: job_1478802142793_0003
16/11/10 11:16:45 INFO mapreduce.Job: Job job_1478802142793_0011 running in
uber mode : false
16/11/10 11:16:45 INFO mapreduce.Job:  map 0% reduce 0%
16/11/10 11:16:58 INFO mapreduce.Job:  map 100% reduce 0%
16/11/10 11:17:19 INFO mapreduce.Job:  map 100% reduce 100%
16/11/10 11:17:20 INFO mapreduce.Job: Job job_1478802142793_0011 completed
successfully
16/11/10 11:17:21 INFO mapreduce.Job: Counters: 49
File System Counters
------------------------------
------------------------------
Bytes Written=28
16/11/10 11:17:21 INFO driver.MahoutDriver: Program took 732329 ms
(Minutes: 12.205483333333333)
```

输出如下：

```
[cloudera@quickstart ~]$ hadoop fs -cat mahout/output1/part-r-
00000
3 [10:3.8597424]
4 [13:4.0]
```

9.3 Mahout 的核心构建模块

与其他推荐引擎框架一样，Mahout 还提供了一组丰富的组件来构建个性化推荐系统，可以搭建企业级应用，并具有可扩展性、灵活性和良好的性能。

Mahout 主要组件如下：
- DataModel
- Similarity: UserSimilarity, ItemSimilarity
- User neighborhood
- Recommender
- Recommender evaluator

9.3.1 基于用户的协同过滤推荐引擎组件

本节将讨论构建基于用户的协同过滤推荐引擎所需的组件，如下图所示。

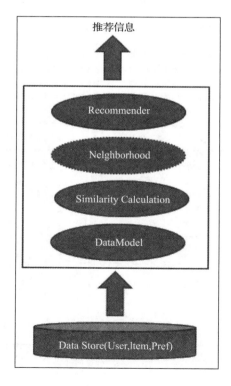

基于用户的协同过滤推荐引擎的组件详情如下：
- **DataModel**：DataModel 实现允许我们存储和访问计算所需的用户、项目和偏好数据。该组件允许我们从数据源中提取数据。通过 Mahout 中的

MySQLJDBCDataModel，可以从 JDBC 和 MySQL 数据库里提取数据。为了方便演示，使用 **FileDataModel** 接口来访问 Mahout 公开的文件中的数据。

一些 Mahout 中公开的 DataModel 如下：

- **HBaseDataModel**:
  (http://apache.github.io/mahout/0.10.1/docs/mahout-integration/org/apache/mahout/cf/taste/impl/model/hbase/HBaseDataModel.html)
- **GenericJDBCDataModel**:
  (http://apache.github.io/mahout/0.10.1/docs/mahout-integration/org/apache/mahout/cf/taste/impl/model/jdbc/GenericJDBCDataModel.html)
- **PostgreSQLJDBCDataModel**:
  (http://apache.github.io/mahout/0.10.1/docs/mahout-integration/org/apache/mahout/cf/taste/impl/model/jdbc/PostgreSQLJDBCDataModel.html)
- **MongoDBDataModel**:
  (http://apache.github.io/mahout/0.10.1/docs/mahout-integration/org/apache/mahout/cf/taste/impl/model/mongodb/MongoDBDataModel.html)

Mahout 要求用户数据的格式为用户 ID、项目 ID、偏好值的三元组。偏好值可以是连续型，也可以是布尔型。Mahout 对连续型和布尔型偏好值都支持。我们提供给 DataModel 的每个输入三元组都包含用户 ID、项目 ID 和偏好值，将会表示为存储高效的 **Preference** 对象或者 **PreferenceArray** 对象。

❑ **UserSimilarity**：UserSimilarity 接口计算两个用户之间的相似度。UserSimilarity 实现返回的值通常在 −1.0 ～ 1.0 范围内，其中 1.0 是最相似的。在前面的章节中，看到了多种方法来计算用户之间的相似度，例如欧氏距离、皮尔逊系数、余弦距离等。用户相似度计算方式有很多实现方式，列举如下：

- CachingUserSimilarity
- CityBlockSimilarity
- EuclideanDistanceSimilarity
- GenericUserSimilarity
- LogLikelihoodSimilarity
- PearsonCorrelationSimilarity
- SpearmanCorrelationSimilarity
- TanimotoCoefficientSimilarity
- UncenteredCosineSimilarity

- **ItemSimilarity**：与 UserSimilarity 类似，Mahout 还提供了 ItemSimilarity 接口，它可以用来计算项目之间的相似度。ItemSimilarity 实现返回的值通常在 −1.0 ～ 1.0 范围内，其中 1.0 是最相似的：

    - AbstractItemSimilarity
    - AbstractJDBCItemSimilarity
    - CachingItemSimilarity
    - CityBlockSimilarity
    - EuclideanDistanceSimilarity
    - FileItemSimilarity
    - GenericItemSimilarity
    - LogLikelihoodSimilarity
    - MySQLJDBCInMemoryItemSimilarity
    - MySQLJDBCItemSimilarity
    - PearsonCorrelationSimilarity
    - SQL92JDBCInMemoryItemSimilarity
    - SQL92JDBCItemSimilarity
    - TanimotoCoefficientSimilarity
    - UncenteredCosineSimilarity

- **UserNeighborhood**：在基于用户的推荐系统中，通过寻找与用户相似的邻域为活跃用户生成推荐。UserNeighborhood 通常是指为给定活跃用户确定邻域的方法，例如，在生成推荐时考虑十个最近邻居。

    这些邻域类实现 UserNeighborhood 接口以进行操作。

    以下是邻域接口的实现：

    - CachingUserNeighborhood
    - NearestNUserNeighborhood
    - ThresholdUserNeighborhood

- **Recommender**：Recommender 是 Mahout 的核心抽象，给定 `DataModel` 对象作为输入，它为用户产生项目推荐。Recommender 接口的实现如下：

    - AbstractRecommender
    - CachingRecommender
    - GenericBooleanPrefItemBasedRecommender
    - GenericBooleanPrefUserBasedRecommender
    - GenericItemBasedRecommender

- GenericUserBasedRecommender
- ItemAverageRecommender
- ItemUserAverageRecommender
- RandomRecommender
- RecommenderWrapper
- SVDRecommender

9.3.2 使用 Mahout 构建推荐引擎

我们已经对 Mahout 推荐引擎框架的核心构建模块有了初步了解,下面可以开始构建推荐引擎。本节将介绍使用单机模式实现的一系列不同的推荐引擎。

这里使用 `org.apache.mahout.cf.taste.impl` 包的实现。

本节主要介绍的推荐引擎如下:

❑ 基于用户的协同过滤
❑ 基于项目的协同过滤
❑ SVD 推荐系统

9.3.3 数据描述

在实现推荐系统之前,先了解一下本节用到的数据集。这里使用餐厅和消费者数据集,可以在 UCI 机器学习数据集库下载,下载链接为:

https://archive.ics.uci.edu/ml/datasets/Restaurant+%26+consumer+data

该数据集可用于构建使用消费者偏好信息的协同过滤应用。下载的数据集包含九个文件。在本练习中,使用 `rating_final.csv` 文件,它包含 userID(用户 ID)、placeID(地点 ID)、rating(评级)、food_rating(食物评级)和 service_rating(服务评级)。但是对于我们的用例,只使用 userID、placeID 和 rating。可以将数据理解为给定用户对用餐地点的偏好。

1. 我们将使用之前创建的项目。
2. 将输入 `ratings_final.csv` 文件添加到当前项目结构的 `data` 文件夹中。

首先,将原始数据预处理成所需的 userID、placeID 和 rating 三元组格式。下图是用于这个练习的原始数据集。

```
 1 userID,placeID,rating,food_rating,service_rating
 2 U1077,135085,2,2,2
 3 U1077,135038,2,2,1
 4 U1077,132825,2,2,2
 5 U1077,135060,1,2,2
 6 U1068,135104,1,1,2
 7 U1068,132740,0,0,0
 8 U1068,132663,1,1,1
 9 U1068,132732,0,0,0
10 U1068,132630,1,1,1
11 U1067,132584,2,2,2
12 U1067,132733,1,1,1
13 U1067,132732,1,2,2
14 U1067,132630,1,0,1
15 U1067,135104,0,0,0
16 U1067,132560,1,0,0
17 U1103,132584,1,2,1
18 U1103,132732,0,0,2
```

下面是对抽取三元组数据的实现：

- 逐行读取 ratings_final.csv 文件
- 抽取前三列
- 将抽取的数据写入新的 recoDataset.csv 文件

下面的 Java 程序实现了前面所说的步骤：

```java
package com.packtpub.mahout.recommenders;

import java.io.FileReader;
import java.io.FileWriter;
import java.io.IOException;
import java.util.ArrayList;
import java.util.List;

import au.com.bytecode.opencsv.CSVReader;
import au.com.bytecode.opencsv.CSVWriter;

public class Preprocessdata  {

public static void main(String[] args) throws IOException {
String fileName = "data/rating_final.csv";

String csv = "data/recoDataset.csv";
CSVReader csvReader = new CSVReader(new FileReader(fileName));
String[] row = null;
List<String[]> data = new ArrayList<String[]>();
CSVWriter writer = new CSVWriter(new FileWriter(csv),
```

```
CSVWriter.DEFAULT_SEPARATOR,
CSVWriter.NO_QUOTE_CHARACTER);
while((row = csvReader.readNext()) != null) {
if(!row[0].contains("userID")){
data.add(new String[] {row[0].substring(1), row[1],row[2]});
}
}
writer.writeAll(data);
writer.close();
csvReader.close();
}

}
```

通过运行上述 Java 程序，最终将构建推荐引擎所需数据集作为 `recoDataset.csv` 文件存储到 data 文件夹下。数据示例如下图所示。

```
 1 1077,135085,2
 2 1077,135038,2
 3 1077,132825,2
 4 1077,135060,1
 5 1068,135104,1
 6 1068,132740,0
 7 1068,132663,1
 8 1068,132732,0
 9 1068,132630,1
10 1067,132584,2
11 1067,132733,1
12 1067,132732,1
13 1067,132630,1
14 1067,135104,0
15 1067,132560,1
16 1103,132584,1
17 1103,132732,0
18 1103,132630,1
```

现在已经预处理完所需数据集，下面将介绍用 Mahout 框架构建推荐引擎。

9.3.4　基于用户的协同过滤

复习一下：基于用户的推荐系统基于用户之间的 UserSimilarity 计算生成推荐，然后使用 UserNeighborhood 选择前 N 个相似用户并接着生成推荐。

我们先执行下列程序并仔细阅读代码。程序使用欧氏距离相似度和最近邻方法生成推荐：

```java
package com.packtpub.mahout.recommenders;

import java.io.File;
import java.io.IOException;
import java.util.List;

import org.apache.mahout.cf.taste.common.TasteException;
import org.apache.mahout.cf.taste.impl.model.file.FileDataModel;
import org.apache.mahout.cf.taste.impl.neighborhood.NearestNUserNeighborhood;
import org.apache.mahout.cf.taste.impl.recommender.GenericUserBasedRecommender;
import org.apache.mahout.cf.taste.impl.similarity.EuclideanDistanceSimilarity;
import org.apache.mahout.cf.taste.model.DataModel;
import org.apache.mahout.cf.taste.neighborhood.UserNeighborhood;
import org.apache.mahout.cf.taste.recommender.RecommendedItem;
import org.apache.mahout.cf.taste.recommender.UserBasedRecommender;
import org.apache.mahout.cf.taste.similarity.UserSimilarity;

//class for generating User Based Recommendation
public class UserbasedRecommendations
{
    public static void main( String[] args ) throws TasteException, IOException
    {
        //creating data model
        DataModel model = new FileDataModel(new File("data/recoDataset.csv"));
        // creating Euclidean distance similarity between users
        UserSimilarity similarity = new EuclideanDistanceSimilarity(model);
        //creating user neighborhood
        UserNeighborhood neighborhood = new NearestNUserNeighborhood(10, similarity, model);
        // creating recommender model
        UserBasedRecommender recommender = new GenericUserBasedRecommender(model, neighborhood, similarity);
        //generating 3 recommendations for user 1068
        List<RecommendedItem> recommendations = recommender.recommend(1068, 3);
        for (RecommendedItem recommendation : recommendations) {
          System.out.println(recommendation);
        }
    }
}
```

运行此程序得到下图所示推荐。我们为 UserID-1068 生成了前三个基于用户的项目推荐。

```
Problems  @ Javadoc  Declaration  Console 
<terminated> UserbasedRecommender [Java Application] C:\Program Files\Java\jre1.8.0_112\bin\javaw.exe (Nov 11, 2016, 11:04:44 PM)
log4j:WARN No appenders could be found for logger (org.apache.mahout.cf.taste.impl.model.file.FileDataModel).
log4j:WARN Please initialize the log4j system properly.
log4j:WARN See http://logging.apache.org/log4j/1.2/faq.html#noconfig for more info.
RecommendedItem[item:132613, value:1.2205102]
RecommendedItem[item:132667, value:1.0]
RecommendedItem[item:132584, value:0.98069793]
```

现在逐行解释代码，回想 Mahout 核心构建模块章节，我们需要 DataModel、Similarity 计算、UserNeighborhood、Recommender 并生成推荐，这个顺序应用在了之前的代码中：

1. `UserbasedRecommender.main` 方法里面的代码使用 `org.apache.mahout.cf.taste.impl.model.file.FileDataModel.FileDataModel` 类，从 `data/recoDataset.csv` 文件创建一个数据源，这个类构造器获取包含偏好数据的 `Java.io.File` 实例并创建 DataModel 类实例模型。

```
//creating data model
DataModel model = new FileDataModel(new
  File("data/recoDataset.csv"));
```

2. 创建 UserSimilarity 实例：使用 `org.apache.mahout.cf.taste.impl.similarity.EuclideanDistanceSimilarity` 类计算所有用户之间的相似度。使用上一步中创建的 `FileDataModel` 实例作为构造器参数。

```
// creating Euclidean distance similarity between users
UserSimilarity similarity = new
  EuclideanDistanceSimilarity(model);
```

3. 此步骤中，创建 UserNeighborhood 实例。neighborhood 使用 `org.apache.mahout.cf.taste.impl.neighborhood.NearestNUserNeighborhood` 类，它需要三个参数：最近邻的数量、UserSimilarity 实例、DataModel 实例。

```
//creating user neighborhood
UserNeighborhood neighborhood = new
  NearestNUserNeighborhood(10, similarity, model);
```

4. 接下来生成 Recommender 模型，使用 `org.apache.mahout.cf.taste.impl.recommender.GenericUserBasedRecommender` 类实例完成。在创建 Recommender 对象（GenericUserBasedRecommender 实例）时，需要将 DataModel 实例、UserNeighborhood 实例、UserSimilarity 实例作为输入传递给构造器。

```
// creating recommender model
UserBasedRecommender recommender = new
  GenericUserBasedRecommender(model, neighborhood, similarity);
```

5. 到此，我们使用欧氏距离相似度和最近邻方法创建了一个推荐系统模型，接下来将生成推荐。调用 Recommender 对象中的 `recommend()` 方法，输入参数为 UserID 和推荐数量。

```
//generating 3 recommendations for user 1068
List<RecommendedItem> recommendations =
  recommender.recommend(1068, 3);
```

这个步骤为 UserID 1068 生成了三个项目推荐，并附有偏好值，具体如下：

```
item:132613, value:1.2205102
item:132667, value:1.0
item:132584, value:0.98069793
```

9.4 基于项目的协同过滤

基于项目的推荐主要考虑项目之间的相似度而不是用户之间的相似度，向用户推荐相似的项目。

下面是创建基于项目的协同过滤的 Java 程序。使用 LogLikelihoodSimilarity 来计算 ItemSimilarity，然后使用 GenericItemBasedRecommender 类向用户推荐项目。除此之外，可以了解如何使用 GenericItemBasedRecommender 中的 mostSimilarItems 方法为给定项目检查类似项目。

```
package com.packpub.mahout.recommendationengines;

import java.io.File;
import java.io.IOException;
import java.util.List;

import org.apache.mahout.cf.taste.common.TasteException;
import org.apache.mahout.cf.taste.impl.model.file.FileDataModel;
import org.apache.mahout.cf.taste.impl.recommender.GenericItemBasedRecommender;
import org.apache.mahout.cf.taste.impl.similarity.LogLikelihoodSimilarity;
import org.apache.mahout.cf.taste.model.DataModel;
import org.apache.mahout.cf.taste.recommender.RecommendedItem;
import org.apache.mahout.cf.taste.similarity.ItemSimilarity;


public class ItembasedRecommendations {
```

```
public static void main(String[] args) throws TasteException, IOException {
DataModel model = new FileDataModel(new File("data/recoDataset.csv"));
    ItemSimilarity similarity = new LogLikelihoodSimilarity(model);
    GenericItemBasedRecommender recommender = new
GenericItemBasedRecommender(model, similarity);
    System.out.println("*********Recommend Items to Users********");
    List<RecommendedItem> recommendations = recommender.recommend(1068, 3);
    for (RecommendedItem recommendation : recommendations) {
      System.out.println(recommendation);
    }
     System.out.println("*********Most Similar Items********");
    List<RecommendedItem> similarItems =
recommender.mostSimilarItems(135104, 3);
    for (RecommendedItem similarItem : similarItems) {
      System.out.println(similarItem);
    }
}

}
```

运行上述程序将生成与输入项目最相似的三个项目，本节示例中，对于`placeID 135104`，与其最相似的`placeID`及相似度值如下图所示。

```
log4j:WARN No appenders could be found for logger (org.apache.mahout.cf.taste.impl.model.file.FileDataModel).
log4j:WARN Please initialize the log4j system properly.
log4j:WARN See http://logging.apache.org/log4j/1.2/faq.html#noconfig for more info.
RecommendedItem[item:132667, value:0.96383345]
RecommendedItem[item:132732, value:0.9602005]
RecommendedItem[item:132733, value:0.9543598]
```

仔细分析每一步，对上述实现进行深入了解：

1. 第一步与上一节类似，使用`org.apache.mahout.cf.taste.impl.model.file.FileDataModel`类创建 DataModel 实例：

```
//we create DataModel instance - model
DataModel model = new FileDataModel(new
    File("data/recoDataset.csv"));
```

2. 创建一个 ItemSimilarity 实例，使用`org.apache.mahout.cf.taste.impl.similarity.LogLikelihoodSimilarity`类计算所有用户之间的相似度，它将第一步得到的`FileDataModel`实例作为构造器参数。

```
// creating LogLikelihood distance similarity between users
ItemSimilarity similarity = new LogLikelihoodSimilarity
    (model);
```

3. 接下来生成 Recommender 模型，使用 `org.apache.mahout.cf.taste.impl.recommender.GenericItemBasedRecommender` 类实例完成，创建 `GenericItemBasedRecommender` 实例需要步骤一中的 DataModel 实例和步骤二中 ItemSimilarity 实例作为构造器的输入。

```
// creating recommender model
GenericItemBasedRecommender recommender = new
    GenericItemBasedRecommender(model, similarity);
```

> **注意** 相似度度量可以根据实际情况进行调整，按照你的需求进行设置。

4. 至此，已经使用 LogLikelihoods 相似度创建了基于项目的协同过滤推荐系统。接下来生成推荐，调用 Recommender 对象中的 `recommend()` 方法，该方法需要输入 UserID 和推荐数量：

```
//generating 3 recommendations for user 1068
List<RecommendedItem> recommendations =
    recommender.recommend(1068, 3);
```

运行上面代码会生成三个 UserID 1068 的项目推荐，并附有偏好值，具体如下：

```
item:132613, value:1.2205102
item:132667, value:1.0
item:132584, value:0.98069793
```

5. 假设我们希望看到类似于特定项目的项目。可以使用类似本例中 `GenericItemBasedRecommender` 类提供的 `mostSimilarItems()` 方法，该方法使用 UserID、要显示的项目数量作为输入，并为给定项目提取 similarItems：

```
List<RecommendedItem> similarItems =
    recommender.mostSimilarItems(135104, 3);
```

在本例中，与给出的 placeId 135104 最为相似的三个地点详情如下：

```
item:132667, value:0.96383345
item:132732, value:0.9602005
item:132733, value:0.9543598
```

下面评估我们已创建的推荐引擎。

9.5 协同过滤评估

我们已经学习了如何使用协同过滤方法进行推荐。对于推荐系统来说，最重要的是推荐信息的有效性。评估推荐模型的准确率是构建推荐引擎的一个非常关键的步骤。在本节中，将讨论如何评估基于用户的推荐模型和基于项目的推荐模型。

通过 Mahout 提供的组件，可以对我们已经构建的推荐模型进行准确性评估。将推荐引擎预估的偏好值与实际的偏好值进行比较来完成评估。用 Mahout 先将一部分数据带入训练，这部分数据称为训练数据，另一部分作为测试数据，用测试数据来验证模型的准确性。

下图为 Mahout 自带的推荐评器，我们可以根据需要选择。

Class	Description
AbstractDifferenceRecommenderEvaluator	Abstract superclass of a couple implementations, providing shared functionality.
AverageAbsoluteDifferenceRecommenderEvaluator	A RecommenderEvaluator which computes the average absolute difference between predicted and actual ratings for users.
GenericRecommenderIRStatsEvaluator	For each user, these implementation determine the top n preferences, then evaluate the IR statistics based on a DataModel that does not have these values.
GenericRelevantItemsDataSplitter	Picks relevant items to be those with the strongest preference, and includes the other users' preferences in full.
IRStatisticsImpl	
LoadEvaluator	Simple helper class for running load on a Recommender.
LoadStatistics	
OrderBasedRecommenderEvaluator	Evaluate recommender by comparing order of all raw prefs with order in recommender's output for that user.
RMSRecommenderEvaluator	A RecommenderEvaluator which computes the "root mean squared" difference between predicted and actual ratings for users.

使用 Mahout 进行推荐效果评估通常需要两步：
- 在上图中选取一个有效类，创建一个 `org.apache.mahout.cf.taste.impl.eval.RMSRecommenderEvaluator` 类实例，用来获取准确率分数。
- 为 `org.apache.mahout.cf.taste.eval.RecommenderBuilder` 实现内部接口以创建 Recommender，上一步中的 RecommenderEvaluator 类实例使用它产生准确率分数。

本练习使用均方根误差评估技术。

9.6 基于用户的推荐评估

本节将给出前面构建的基于用户的推荐评估代码。

```
package com.packtpub.mahout.recommenders;

import java.io.File;
```

```java
import java.io.IOException;

import org.apache.mahout.cf.taste.common.TasteException;
import org.apache.mahout.cf.taste.eval.RecommenderBuilder;
import org.apache.mahout.cf.taste.eval.RecommenderEvaluator;
import org.apache.mahout.cf.taste.impl.eval.RMSRecommenderEvaluator;
import org.apache.mahout.cf.taste.impl.model.file.FileDataModel;
import org.apache.mahout.cf.taste.impl.neighborhood.NearestNUserNeighborhood;
import org.apache.mahout.cf.taste.impl.recommender.GenericUserBasedRecommender;
import org.apache.mahout.cf.taste.impl.similarity.EuclideanDistanceSimilarity;
import org.apache.mahout.cf.taste.model.DataModel;
import org.apache.mahout.cf.taste.neighborhood.UserNeighborhood;
import org.apache.mahout.cf.taste.recommender.Recommender;
import org.apache.mahout.cf.taste.similarity.UserSimilarity;

public class EvaluateUBCFRecommender {

public static void main(String[] args) throws IOException, TasteException {

DataModel model = new FileDataModel(new File("data/recoDataset.csv"));

RecommenderEvaluator evaluator = new RMSRecommenderEvaluator();
RecommenderBuilder builder = new RecommenderBuilder() {
public Recommender buildRecommender(DataModel model)
throws TasteException {
UserSimilarity similarity = new EuclideanDistanceSimilarity(model);
UserNeighborhood neighborhood =
new NearestNUserNeighborhood (10, similarity, model);
return
new GenericUserBasedRecommender (model, neighborhood, similarity);
}
};
double score = evaluator.evaluate(
builder, null, model, 0.8, 1.0);
System.out.println(score);
}

}
```

执行程序得到模型准确率：0.692216091226208。

9.7　基于项目的推荐评估

本节将给出前面构建的基于项目的推荐评估代码。

```
package com.packtpub.mahout.recommenders;

import java.io.File;
import java.io.IOException;

import org.apache.mahout.cf.taste.common.TasteException;
import org.apache.mahout.cf.taste.eval.RecommenderBuilder;
import org.apache.mahout.cf.taste.eval.RecommenderEvaluator;
import org.apache.mahout.cf.taste.impl.eval.RMSRecommenderEvaluator;
import org.apache.mahout.cf.taste.impl.model.file.FileDataModel;
import org.apache.mahout.cf.taste.impl.recommender.GenericItemBasedRecommender;
import org.apache.mahout.cf.taste.impl.similarity.LogLikelihoodSimilarity;
import org.apache.mahout.cf.taste.model.DataModel;
import org.apache.mahout.cf.taste.recommender.Recommender;
import org.apache.mahout.cf.taste.similarity.ItemSimilarity;

public class EvaluateIBCFRecommender {

public static void main(String[] args) throws IOException, TasteException {

DataModel model = new FileDataModel(new File("data/recoDataset.csv"));

//RMS Recommender Evaluator
RecommenderEvaluator evaluator = new RMSRecommenderEvaluator();
RecommenderBuilder builder = new RecommenderBuilder() {
public Recommender buildRecommender(DataModel model)
throws TasteException {
ItemSimilarity similarity = new LogLikelihoodSimilarity(model);
return
new GenericItemBasedRecommender(model, similarity);
}
};
double score = evaluator.evaluate(builder, null, model, 0.7, 1.0);
System.out.println(score);

}

}
```

执行程序得到模型准确率：0.6041129199039021。

下面是对上述评估实现的详细分析：

1. 使用 `org.apache.mahout.cf.taste.impl.model.file.FileDataModel` 类创建 DataModel 实例：

```
DataModel model = new FileDataModel(new
  File("data/recoDataset.csv"));
```

2. 使用 org.apache.mahout.cf.taste.impl.eval.RMSRecommenderEvaluator 类创建评估器实例，用来计算推荐引擎准确率。

```
// Recommendation engine model evaluator engine
RecommenderEvaluator evaluator = new RMSRecommenderEvaluator();
```

3. 根据应用需要实现 org.apache.mahout.cf.taste.eval.RecommenderBuilder 接口以创建 Recommender。

此处使用与前面相同的 Recommender：

```
// User based recommenders
public Recommender buildRecommender(DataModel model)
throws TasteException {
UserSimilarity similarity = new
  EuclideanDistanceSimilarity(model);
UserNeighborhood neighborhood =

new NearestNUserNeighborhood (2, similarity, model);
return
new GenericUserBasedRecommender (model, neighborhood,
  similarity);
}
};

//Item based recommenders
public Recommender buildRecommender(DataModel model)
throws TasteException {
ItemSimilarity similarity = new LogLikelihoodSimilarity(model);
return
new GenericItemBasedRecommender(model, similarity);
}
};
```

4. 现在计算推荐准确率。使用评估器实例中的 evaluate() 方法，这里的 evaluate() 方法只接受 RecommenderBuilder 实例，在示例第 3 步创建，可构建 Recommender 以测试给定 DataModel 的准确率，不接受我们在基于用户／项目的推荐中直接创建的 Recommender 实例。

evaluate() 方法需要四个参数：在第 3 步中创建的 RecommenderBuilder、在第 1 步中创建的 DataModel、训练数据比例——在本例中，我们使用 70% 作为训练数据集，30% 作为测试数据集。

evaluate() 方法返回模型的准确率得分，这是推荐器预测的偏好值与真实值匹配的程度。得到的值越高匹配效果越好，其中 1 是最佳匹配。

```
//generating 3 recommendations for user 1068
double score = evaluator.evaluate(builder, null, model, 0.7,
    1.0);
```

9.8 SVD 推荐系统

与基于用户的协同过滤和基于项目的协同过滤相似,在 Mahout 中也可以使用基于模型的协同过滤,例如 SVDRecommender,使用矩阵分解方法生成推荐。

构建步骤与之前实现类似。但有两点需要特别注意一下:

- org.apache.mahout.cf.taste.impl.recommender.svd.ALSWRFactorizer 类使用加权正则化交替最小二乘法对用户评级矩阵进行因式分解。ALSWRFactorizer 类构造器需要的输入参数有 DataModel、特征数量、正则化参数和迭代次数。而 ALSWRFactorizer 实例又作为 Recommender 对象 SVDRecommender 类的输入参数。

- org.apache.mahout.cf.taste.impl.recommender.svd.SVDRecommender 类使用 ALSWRFactorizer 对象和 DataModel 对象生成推荐模型。

其他步骤与前面的例子类似。

下面的代码片段展示了如何构建 SVD 推荐系统:

```
package com.packpub.mahout.recommendationengines;

import java.io.File;
import java.io.IOException;
import java.util.List;

import org.apache.mahout.cf.taste.common.TasteException;
import org.apache.mahout.cf.taste.impl.model.file.FileDataModel;
import org.apache.mahout.cf.taste.impl.recommender.svd.ALSWRFactorizer;
import org.apache.mahout.cf.taste.impl.recommender.svd.SVDRecommender;
import org.apache.mahout.cf.taste.model.DataModel;
import org.apache.mahout.cf.taste.recommender.RecommendedItem;


public class UserBasedSVDRecommender {

public static void main(String[] args) throws TasteException, IOException {
//MF recommender model
    DataModel model = new FileDataModel(new File("data/dataset.csv"));
```

```
    ALSWRFactorizer factorizer = new ALSWRFactorizer(model, 50, 0.065, 15);
    SVDRecommender recommender = new SVDRecommender(model, factorizer);
    List<RecommendedItem> recommendations = recommender.recommend(2, 3);
    for (RecommendedItem recommendation : recommendations) {
      System.out.println(recommendation);
    }
  }
}
```

9.9 使用 Mahout 进行分布式推荐

到目前为止，已经看到了如何在单机模式下构建推荐引擎。在大多数情况下，单节点的实现非常方便，当我们提供如 userID、itemID 和偏好值三元组数据集格式且数据规模在百万级时非常有效。

当数据量无限增大时，单机模式将无法满足要求。这是就需要寻找处理海量数据的方法，并构建能支持大数据量的推荐引擎。其中一种方法是将单机解决方案转向分布式模式，比如 Hadoop 平台。

因为数据会分散在不同节点上，所以直接向 Hadoop 转向是不适合的。基于内存的模型，如近邻推荐，或基于模型的推荐，如交替最小二乘法，需全部数据以生成模型，在分布式平台上是不满足要求的。因此，需要一种全新的设计来构建推荐系统。

幸运的是，Mahout 在分布式推荐系统设计实现上有解决方案。这些 Mahout 分布式推荐引擎实现被作为内部运行一系列多核处理阶段的作业提供。

例如，使用交替最小二乘法的 Mahout 分布式推荐系统包含两个作业：

❑ 并行矩阵分解作业

❑ 推荐作业

矩阵分解作业以 user-item-rating 文件作为输入，创建用户潜在矩阵，该用户潜在矩阵由用户特征矩阵和项目特征矩阵组成。

推荐作业使用矩阵分解作业创建的潜在特征矩阵，并计算前 N 个推荐。

按照顺序执行两个作业，输入数据从 HDFS 读取，并将最终推荐信息写入 HDFS。

本节将介绍如何使用 Hadoop 搭建基于项目的推荐引擎并用交替最小二乘法生成推荐。

Hadoop 中的 ALS 推荐引擎

构建 ALS 推荐引擎的步骤如下：

1. 加载数据到 Hadoop 平台。Mahout 的 ALS 实现期望的数据格式为：userID、itemID 和偏好（显式评级/隐式评级）三元组。

2. 执行 ALS 推荐引擎实现作业，将步骤 1 中的数据作为输入，创建用户和项目潜在矩阵。

3. 利用步骤 2 中创建的用户和项目潜在特征矩阵执行推荐作业，并生成前 N 个推荐。

以下为步骤详解。

> **注意** 本节练习使用 CDH5 和 Centos 6。默认 JAVA_HOME 设置完成，并且 Mahout 安装正确。

1. 如下将数据加载到 Hadoop 平台：

```
#create a directory to store the input data using mkdir command
[cloudera@quickstart ~]$ hadoop fs -mkdir mahout
```

使用 ls 命令查看目录是否创建成功。

```
[cloudera@quickstart ~]$ hadoop fs -ls
Found 1 items
drwxr-xr-x   - cloudera cloudera          0 2016-11-14 18:31 mahout
```

使用 copyFromLocal 命令加载数据到 HDFS。

```
hadoop fs -copyFromLocal /home/cloudera/datasets/u.data mahout
```

> **注意** 输入的 MovieLens 数据集包含一百万条电影评级数据。

使用 ls 命令验证数据是否加载正确。

```
    [cloudera@quickstart ~]$ hadoop fs -ls mahout
    Found 1 items
    -rw-r--r--   1 cloudera cloudera    1979173 2016-11-14 18:32 mahout/u.data
```

数据被正确加载，看看输入数据的前几条记录，见下图。

```
[cloudera@quickstart ~]$ hadoop fs -cat mahout/u.data |head
196 242 3 881250949
186 302 3 891717742
22 377 1 878887116
244 51 2 880606923
166 346 1 886397596
298 474 4 884182806
115 265 2 881171488
253 465 5 891628467
305 451 3 886324817
6 86 3 883603013
```

2. 创建用户和项目潜在矩阵,在命令行输入以下命令:

```
$MAHOUT_HOME\bin\mahout parallelALS \
    --input mahout \
    --output output \
    --lambda 0.1 \
    --implicitFeedback false \
    --numFeatures 10 \
    --numIterations 1  \
    --tempDir tmp
```

参数说明:

$MAHOUT_HOME\bin\mahout:运行底层矩阵分解作业的可执行文件。

parallelALS:在输入数据集上执行的算法的名称。parallelALS 命令调用底层的 ParallelALSFactorizationJob 类对象,它是《Large-scale Parallel Collaborative Filtering for the Netflix Prize》中描述的分解算法多核处理实现。

- **input**:输入评级数据的 HDFS 输入路径。
- **output**:生成的用户和项目潜在矩阵输出路径。
- **lambda**:为了避免过拟合而给出的正则化参数。
- **alpha**:仅用于隐式反馈的置信度参数。
- **implicitFeatures**:说明偏好值是 true 还是 false 的布尔值。本例中设置为 false。
- **numIterations**:将先前模型的学习应用到新模型来重新计算模型的总次数。
- **tempDir**:设置临时存放目录的路径。

执行完成上述命令,可以看到在 output 目录下创建了三个数据集:

❏ **U**:包含用户潜在特征矩阵

❏ **M**:包含项目潜在特征矩阵

❏ **userRatings**:所有输出都是序列文件格式。

3. 为所有用户生成推荐。使用上一步中存储到 HDFS 的 output 结果作为输入，生成推荐，并将最终推荐写到 HDFS 中的 recommendations output 目录中。

接下来的命令将会调用 org.apache.mahout.cf.taste.hadoop.als.RecommenderJob 推荐作业，该作业会在内部调用 org.apache.mahout.cf.taste.hadoop.als.PredictionMapper 类以生成推荐。

```
$MAHOUT_HOME\bin\mahout recommendfactorized \
    --input output/userRatings/  \
    --userFeatures output/U/ \
    --itemFeatures output/M/ \
    --numRecommendations 15 \
    --output recommendations/topNrecommendations \
    --maxRating 5
```

参数详解：

- **input**：包含用来生成序列格式推荐信息的 userID 文件的 HDFS 路径。本例中，output/userRatings 目录包含所有用于生成序列格式推荐的 userID，该文件是步骤 2 的输出。

- **userFeatures**：包含用户潜在特征的 HDFS 路径，作为步骤 2 的输出生成。

- **itemFeatures**：包含项目潜在特征的 HDFS 路径，作为步骤 2 的输出生成。

- **numRecommendations**：为每位用户生成的推荐信息数量。

- **output recommendations**：最终生成推荐结果的 HDFS 路径。

- **maxRating**：生成的推荐信息的评级上限。

通过在命令行运行上述命令，生成的推荐信息最终被存储到 HDFS 下的推荐文件夹，如下图所示。

```
[cloudera@quickstart ~]$ hadoop fs -cat
recommendations/topNrecommendations/part-m-00000 |head
1
[1536:5.0,1467:4.831182,1449:4.80844,814:4.742634,1599:4.68286
9,1398:4.649307,1629:4.570285,1639:4.562079,408:4.536842,1367:
4.528492,483:4.4752526,318:4.4236937,1500:4.4102707,1201:4.408
1335,603:4.3991466]
2
[1536:5.0,814:4.78269,1449:4.7134724,1398:4.6964526,1599:4.563
0975,1467:4.551129,169:4.437805,408:4.38913,114:4.381019,64:4.
3791966,1367:4.3718753,1064:4.3644257,483:4.350657,851:4.32865
8,318:4.325402]
3
[1536:3.842033,1642:3.749693,1467:3.6595325,1449:3.6565793,150
0:3.652883,1398:3.5153584,814:3.5086145,169:3.4643984,1651:3.4
516013,1636:3.4516013,1645:3.4516013,1650:3.4516013,114:3.4097
04,1639:3.3940363,1524:3.367357]
4
[1642:5.0,1651:5.0,1636:5.0,1650:5.0,1645:5.0,1201:5.0,1639:5.
0,1536:5.0,1449:5.0,1367:5.0,1500:5.0,483:5.0,113:5.0,1122:5.0
,1398:5.0]
```

```
5
[1536:4.328833,1449:4.1486154,814:4.09392,1599:4.0884914,1467:
4.0109262,1398:4.0078206,1500:3.8654287,1639:3.821516,1629:3.8
013735,1122:3.8007212,1463:3.7989178,318:3.7716885,483:3.76697
33,114:3.7642615,1642:3.7634466]
6
[1536:4.669815,1467:4.5344944,814:4.49133,1449:4.4251847,1599:
4.367457,1639:4.355604,1398:4.228149,1500:4.21864,1642:4.19020
7,1367:4.1796536,1463:4.175493,1452:4.0896783,1458:4.0896783,1
629:4.063499,851:4.0583687]
7
[1500:4.8419685,1122:4.636387,1536:4.611435,1449:4.604633,1467
:4.470685,1651:4.439256,1650:4.439256,1636:4.439256,1645:4.439
256,1642:4.408753,1189:4.399697,1201:4.3634996,1398:4.3018093,
169:4.25464,1450:4.2321644]
8
[1536:5.0,1467:5.0,1642:5.0,1639:5.0,814:4.9976716,1449:4.9946
73,1398:4.813181,851:4.7969217,119:4.7551465,169:4.7425375,146
3:4.7282143,1367:4.6779137,483:4.661983,1201:4.658822,1458:4.6
515884]
9
[1500:5.0,1645:4.7686267,1636:4.7686267,1650:4.7686267,1651:4.
7686267,1431:4.6634703,1491:4.651774,1558:4.6267195,1122:4.591
5747,1449:4.568913,1201:4.5492425,1175:4.515396,1643:4.506893,
1512:4.4682612,1155:4.4282117]
10
[1536:4.821219,1500:4.7425957,1449:4.724121,1467:4.6232443,112
2:4.5975246,1642:4.548042,1398:4.512008,1599:4.461757,1650:4.4
549794,1645:4.4549794,1651:4.4549794,1636:4.4549794,1189:4.440
5603,169:4.3742394,814:4.372402]
```

在之前的结果中,可以按顺序看到为前十个用户提供的推荐信息。每个用户向量包含 itemID 和通过算法得到的预测评级。在提供推荐时,可以去掉评级,只发送推荐。

此时你也许会有这样的疑问:如何给特定的用户生成推荐? Mahout 也支持这样的场景。还记得步骤 3 中的输入参数吗?只需提供包含需要推荐的 userID 的 HDFS 路径即可。但要确保包含 userID 的输入路径为序列文件格式。

9.10 可扩展系统的架构

将推荐系统部署在生产环境与部署其他系统类似。下图给出了一个部署在生产环境的简单的推荐系统。

- 生产环境安装有 Centos 6、Java 8、Apache Tomcat 服务器、CDH 5 和 Mahout 0.12 版本,可以部署运行推荐作业。
- 本节中的 Java 代码可以做成 jar 包并部署在生产环境中,按照需求定期调度所有作业。
- 在定义的调度时间,推荐作业开始执行,并且从数据源中提取数据,计算推荐模型,并生成推荐。
- 推荐模型所用的数据将被读取并写入回 HDFS 文件系统。
- 前端应用程序将从 HDFS 读取最终输出。

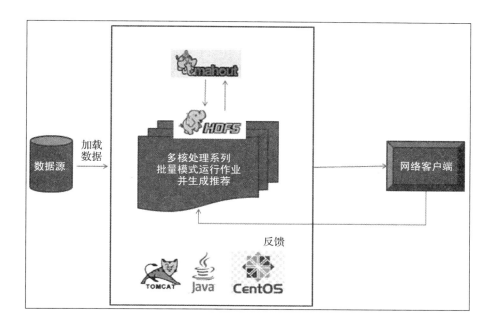

9.11　本章小结

本章主要介绍了如何使用 Apache Mahout 构建推荐系统。分别介绍了 Mahout 的单机模式和分布式模式。并用 Java 代码实现了基于用户、基于项目和基于 SVD 的单机模式推荐引擎和使用交替最小二乘法的分布式模式推荐引擎。还介绍了如何评估推荐引擎模型。最后一节通过一个简单的系统介绍了推荐引擎的产品化。

第 10 章将介绍推荐引擎的未来及其走向，并介绍一些经典案例。

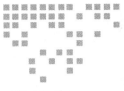

Chapter 10 第 10 章

推荐引擎的未来

感谢读者耐心阅读至此，希望通过阅读本书，读者能在使用 R、Python、Mahout、Spark 和 Neo4j 技术构建推荐引擎时有所顿悟，本书介绍了近邻推荐、基于模型的内容推荐、情境感知推荐、可扩展推荐、实时推荐和图推荐。

本章会围绕以下两点进行讨论：
- 技术转变和动机转变驱动推荐引擎的未来
- 提高推荐引擎推荐质量的流行方法

在 10.1 节，将会对我在 2015 年某技术交流会议上关于推荐引擎的讨论进行总结。在实现部分，我会针对构建推荐引擎时要遵循的重要方法进行讨论。

随着商业组织在推荐引擎上投入大量资金，研究人员正在自由地探索推荐引擎的各个方面，并应用先进的方法来改进推荐引擎的性能。对我们来说，了解推荐引擎的未来和研究方向是很有必要的，只有这样才能将推荐引擎更好地应用到日常开发工作中。

下面将介绍驱动推荐系统未来的一些技术和动机，以及数据科学家在构建推荐引擎时需要知道的一些流行技术。

10.1 推荐引擎的未来

先来看看本书所涵盖的内容：
- 详细介绍了推荐引擎
- 数据挖掘技术在推荐引擎中的应用
- 协同过滤：基于相似度的推荐
- 使用 R 和 Python 构建基于模型的推荐

❑ 使用 R 和 Python 构建基于内容的推荐系统
❑ 使用 R 和 Python 构建情境感知推荐系统
❑ 使用 Scala 构建可扩展的实时推荐系统
❑ 使用 Mahout 构建可扩展的推荐引擎
❑ 使用 Neo4j 构建基于图的推荐引擎

10.2 推荐系统的发展阶段

如第 1 章所述，推荐系统已经在很多方向都有所发展，认真分析推荐系统的发展阶段，对于展望推荐系统的未来有很好的指导作用。

推荐系统经历了三个发展阶段：
❑ 阶段 1，一般的推荐系统
❑ 阶段 2，个性化推荐系统
❑ 阶段 3，未来的推荐系统

推荐引擎存在的唯一意义就是为消费者提供有价值的信息，所以**消费者**就是推荐引擎的核心目标。推荐引擎进化也是为了更好地为消费者服务。随着互联网用户量的增加，涉及的日常决策，如购买商品、观看电影、就餐等问题已经越来越多地交给推荐引擎来完成。推荐系统也正在改变消费者的思维方式，它通过一种新的数字现实指引我们，让知道实际需要什么。

10.2.1 一般的推荐系统

这一阶段的推荐系统属于较早一代。主要有协同过滤、基于用户的推荐和基于项目的推荐。

如第 3 章所阐述的，协同过滤推荐引擎是目前最为流行的一种应用，它在向用户推荐产品上的效果也很好。下图生动地展示了一般的推荐引擎。

10.2.2 个性化推荐系统

伴随着信息时代的到来，越来越多的人开始使用互联网，也产生了大量的用户数据，如搜索模式、点击量和浏览信息等，公司开始关注用户对项目或产品的哪些内容感兴趣，以及是项目的哪些特征促使用户关注它。公司开始意识到每个人都是独特的，都有独特的品味，所以开始有了迎合用户个性化需求的推荐，这也就是**基于内容的推荐系统**需要完成的事情。详情请参考第 3 章的内容。下图展示个性化推荐。

随着推荐系统的发展，个性化推荐系统（称为基于内容的推荐系统）开始使用机器学习、大数据这些先进的技术并结合云计算，找到更适合用户的项目，进而向用户进行推荐。随着技术的发展，诸如矩阵分解、**奇异值分解（SVD）**和回归分析等方法也得到了应用。

上述两种方法在新数据（冷启动问题）和小信息量应用上都有局限性。为了解决这些问题，通常会组合一个或多个算法形成集成**混合推荐模型**，以实现精准推荐。

这里神经网络被引入了进来，一个先进的神经网络算法会涉及很多层，其中，特征工程是自动化的。机器学习中的主要困难之一就是精准地处理特征，因此将深度学习方法应用到推荐引擎中，研究才完成。

想要了解更多信息，可以参阅以下网站：

- http://benanne.github.io/2014/08/05/spotify-cnns.html
- http://machinelearning.wustl.edu/mlpapers/paper_files/NIPS2013_5004.pdf
- https://www.quora.com/Has-there-been-any-work-on-using-deep-learning-for-recommendation-engines

下图展示了在推荐引擎中实现深度学习的一个例子。

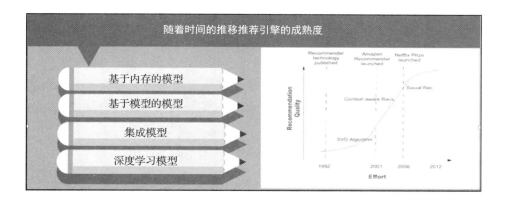

10.2.3 未来的推荐系统

现在介绍未来的推荐系统：无处不在的推荐系统。它可以根据消费者的位置、时间、心情、睡眠周期和热量消耗进行实时推荐。下图生动地描绘了未来的推荐系统。

这就意味着，无论你去哪里，无论你做什么，推荐系统都会关注着你，并针对你进行推荐。Google、Facebook 和其他的 IT 巨头已经开始推出这样的较为完善的推荐系统，并开始了部署工作。Google Allo 就是此类推荐系统的一个实例，如下图所示。

目前市面上较为流行的还是第二代推荐系统，根据一些价格、相似用户或项目这些数据来进行推荐，未来推荐系统会建立在更为丰富的用户数据上。Google Allo 目前在这方面做得比较超前，它可以监听用户，并可以基于用户在 App 上的活动进行推荐，这也是未来推荐系统的发展趋势。Goolge Allo 还提供虚拟聊天环境，作为用户的虚拟助理，协助我们处理所有的问题，推荐系统收集这些用户数据，随着时间推移，数据量积累，会让推荐系统越来越聪明。

下图描绘了实时情境感知推荐系统如何成为这种未来的推荐引擎。

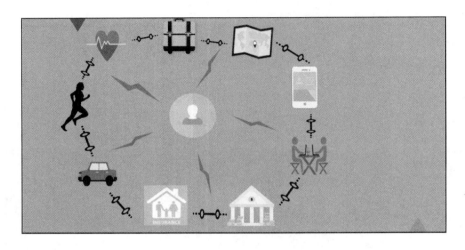

这是一个数字时代，人们在互联网上实现银行、医疗保健、开车、餐馆、旅行、个人健身等相关业务，现在人们的生活越来越离不开互联网。而未来，公司之间也会共享用户信息，利用这些用户信息，可以生成全方位的用户画像信息，进而构建个性化、实时、情境感知推荐系统，以实现精准推荐。上图演示了用户数据的来源，以及公司之间如何共享数据，以生成个人级推荐。

动机转变也推动了推荐引擎的发展，比如以下情况：

- 传统搜索方式终结
- 超越网络
- 从网络中崛起

推荐引擎自开始到未来的关注点始终是用户，其不同之处在于用户数据量的大小。这种海量数据正要求推荐引擎为解决更个性化、更复杂的用户需求提供更好的解决方案。

1. 传统搜索方式终结

搜索引擎已经渐渐摆脱简单的搜索和网络集成的形式。未来的搜索引擎将使用网络搜索／个性化／广告相融合理论，可以使用户在查看内容时被动获得推荐信息。下图显示了这种融合理论。

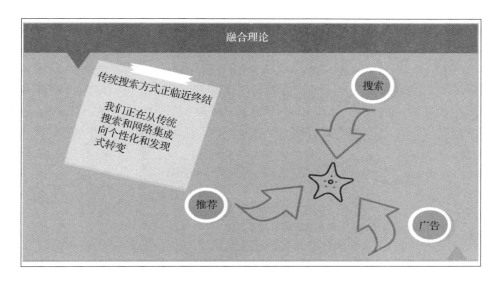

随着越来越多的人通过互联网或搜索引擎找到合适的产品，这些平台也在共享用户数据，希望采用这种共同协作的方式减少重复搜索次数，并通过用户最近活动相关数据，生成精准个性化推荐。

我把这种范式称为**融合理论**，将传统的搜索、广告和推荐引擎结合在一起，将相关内容的探索以个性化推荐带给用户，从而结束用户漫长的检索。

例如，Google 搜索引擎和 YouTube 已经开始致力研究融合理论，以帮助用户不用通过明确搜索就可以找到相关的商品信息或完成内容发现。

最近，我正在关注树莓派 3（一种与信用卡大小差不多的最新款单片机）的相关信息，准备在电子商务网站上购买。几天后，当我在 Google 搜索树莓派的规格信息时，Google 已经向我推送了树莓派的相关广告。虽然广告推送令人困扰，但是却很方便，省去了去电商网站检索的工作。下图是 Google 的推送结果截图。

以 YouTube 为例，YouTube 上的推荐越来越贴近用户，用户搜索所需内容的次数也就越来越少。我们接受推荐系统的推荐，以获取有关主题的更多信息。

在未来，将会看到越来越多的应用利用这种融合理论，以及更多的用于个性化内容发现的推荐引擎，以尽量减少用户搜索的次数。

2. 超越网络

搜索引擎和推荐系统通过主动接触用户以丰富社交体验和用户体验。更多的未来系统将继续在线关注用户，并及时解决用户不满，即使他们的不满是在社交网站表达出来的。下图展示了未来推荐系统的动机——超越网络。

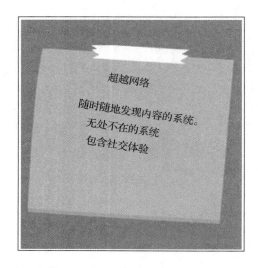

举个例子，想象一下，当你通过标记航班的官方 Twitter 账户表达你对最近飞行的不愉快时，航空公司及时收集这些信息，并以最快的速度亲自向你伸出援手来解决问题。除此之外，它们还可以通过更个性化的优惠来取悦客户。

在未来，所有的机构可能都会遵循这种做法，收集客户的不满或社交平台的反馈信息，并向客户提供良好的推荐或服务，这可能对双方都有益处。

3. 从网络中崛起

新的范式正在发展，比如互联网电视正在取代传统电视。人们必须在特定时间等待电视节目的日子已经过去，人们更希望在方便的时候观看节目。时代的变革使我们在互联网上观看节目更为方便。

人们心态的改变促使商家重新设计商业模式以增加利润。例如，Netflix 推出的《纸牌屋》电视剧，就将所有剧集都放在一起发布，打破了每周一集的传统方法，并取得了巨大成功，其他同类网站也都开始效仿。

这种商业模式的出现是分析人们观看模式的结果。

另一件趣事是，《纸牌屋》的剧情设计也是基于大数据分析的，Netflix 利用大数据分析了大量用户观看数据从而编写了一个包含观众喜欢信息的故事，并制作成电视剧。它的推出正好满足观众口味。

这种方法已经进入其他领域，以创造更多的作品，提高客户体验。

综上所述，随着推荐动机的变化，推荐的情境也在发生变化，不同的人在不同的时间需要不同的东西。下图进行了很好的总结。

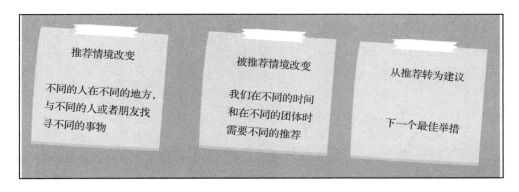

当某人和家人一起度假时，他可能会有一系列的需求，这些需求可能与他和朋友在一起时不同。同样地，同一个人在两个不同的地方也会有不同的需求。例如，一个人出差到多个国家，根据当地的条件可能有不同的需求。在热带国家可能需要短袖，而在寒冷的国家，同样的人可能需要毛衣。

未来的推荐系统将持续和积极地收集用户数据，从而实时满足他们的需求。

10.2.4 下一个最佳举措

另一种未来的推荐系统可能是更为复杂的系统，它可以预测你的下一步行动，给出相关的建议，并且不需要你明确说明。

电影《星际》中的 TARS 可能很快就会变成现实，通过考虑周围信息，建议应该采取的下一步最佳举措。

尽管 TARS 可能是最复杂的系统，但仿生机器人或许可以作为第一代最佳下一步举措智能体。

10.2.5 使用案例

本节将会列出一些用例，增加您对未来推荐引擎的兴趣。来看看一些无处不在的未来推荐引擎的用例。

1. 智能家居

物联网和推荐系统形成一个强大功能组合。全数字化的智能家居将是最好的使用案例，在未来，你的冰箱可能会在你工作时将每月购物清单推送到手机上，如下图所示。物联网相关推荐引擎值得在未来关注。

图书引自 http://walyou.com/smart-home-gadgets/

2. 医疗保健推荐系统

医疗保健推荐系统是我们必须关注的最令人兴奋的领域之一。研究人员正在关注如何使用先进的分析技术将个性化医疗保健应用到普通人身上。例如，圣母大学的研究人员开发了一种称为**协同评估和推荐引擎（CARE）**的系统，该系统使用简单的协同过滤，基于症状相似度找到相似的患者，并为个体生成可能的风险画像。

考虑 Proteus Digital Health Company 的例子，它使用一个支持物联网的传感器设备，用来长期追踪治疗情况。该装置可以检测药物摄入，跟踪生理数据，并在病人忘服药时实现预警。

3. 新闻推荐系统

仔细观察 Google 新闻，可以感觉到它内部有一个推荐引擎正在运行，通过不断监控你的点击模式，并结合你周围的趋势，用一个基于内容的个性化推荐引擎对你进行新闻推送，如下图所示。

许多新公司，如 Reddit 和 Rigg 等，都在使用推荐引擎进行新闻或文章推送。

10.3 流行方法

在前面的章节中，我们已经看到了各种推荐引擎。本节将讨论一些流行方法，这些方法被常用于构建推荐引擎，以提高推荐的健壮性和相关性，例如：
- 惊喜推荐
- 推荐时效性
- A/B 测试
- 反馈机制

惊喜推荐

推荐引擎的缺点之一是完全基于用户的历史检索或正在检索信息进行推荐，这就容易进入误区。

图片引自 neighwhentheyrun

如同上图中蒙蔽双眼的马一样，为了不受干扰而带上了眼罩。虽然随着用户上网数据的增加，各种信息推送变得频繁，推荐引擎所生成的用户画像会越接近同时也越局限，这错了吗？不，绝对没有，但这就是生活的样子。如果我们回顾会发现，过去的很多最佳发现都是意外发生的。有惊喜是好事，因为有惊喜才使人类生活多了很多乐趣，当用户意外的发现自己想要的东西时，这种快乐是无法用言语表达的。但是这种特性在目前的精准推荐范式里是一种缺失。

通过在推荐系统中引入惊喜，可以降低上述局限，如何在推荐系统中引入惊喜呢？

例如 Google 新闻，在生成个性化的新闻推荐之前，会结合用户所在地区或国家的趋势新闻。这使得用户能够获得更多围绕他们的新闻，这也正是他们的兴趣点。

10.4　推荐引擎的时效性

假设情境：一位女士近 9 个月的时间都在搜索或购买与怀孕相关的信息或物品。当她分娩之后，她又会开始寻找与新生儿相关的物品。

这就要求推荐引擎应该足够智能，当这位女士开始将关注点越来越多的转移到新生儿的相关问题上时，推荐引擎就无须再推送怀孕相关的信息，因为用户的关注点已经发生了转移。

下图展示了一个不考虑实效性而向刚剃度的和尚推送漫画书的推荐引擎。

用户选择是非常具有时效性的，未来我们可能不会喜欢现在喜欢的东西。但在设计推荐引擎时，通常没有考虑时效性这方面。我们的推荐系统只是捕获用户的每一个交互，并在特定的时间内收集大量的用户偏好。由于时间信息是用户偏好中固有的，因此数据科学家利用时间信息来改善推荐引擎的相关性是合理的。处理时效性问题一个简单的方法是在生成推荐时给最近的交互赋予更多的权重，同时减轻旧交互的权重。

10.4.1　A/B 测试

构建的用于解决问题的机器学习模型的准确率，对于数据科学家来说是最重要的事情。通常在构建模型时就会通过交叉验证法和误差评估指标来衡量模型的准确性，这也是将模型部署到生产环境之前必要的质量检查。虽然在构建模型时已经经过各种验证，如 RMSE、精确率/召回率和交叉验证，我们在前面学习过，知道这些指标都是基于历史数据进行评估的。一旦模型部署到生产环境中，才会知道模型的性能到底有多好。通常这个问题的解决方案不止一个。

在设计推荐引擎时，应该牢记以下内容：
❏ 实时评估模型性能的方法
❏ 使用多个模型生成推荐，并选择最适合用户的模型下图展示了如何在生产环境中部署简单的 A/B 测试机制。

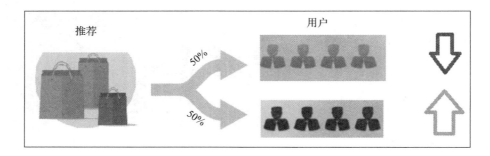

在 A/B 测试中，不同的推荐结果集会发送给不同的用户集，并且将在一段时间内实时评估推荐的性能。A/B 测试虽然代价高昂，但却是一种有效的实时评估模型的测试方法。

10.4.2 反馈机制

除可以使用 A/B 测试实时评估推荐系统性能之外，在设计推荐系统时引入反馈机制也是非常重要的。有了反馈机制才能得到用户关于推荐信息的交互，以便在模型生成过程中，对模型特征进行精细调整。

引入反馈机制的一种简单方法如下图所示。

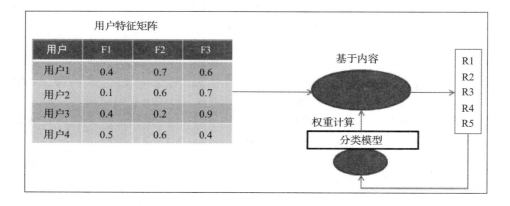

回忆一下基于内容的推荐引擎，在基于内容的方法中，所有的特征都被赋予相同的权重。但是应该意识到，并不是所有的特征都会对推荐模型起到同样的作用。为了提高模型的准确率，应该启用一个机制来计算特征权重。可以引入反馈机制捕获用户对推荐的交互数据，然后使用该数据构建分类模型以计算模型特征权重。

10.5 本章小结

本章介绍了推荐引擎是如何发展的，以及影响推荐系统演变的动机，之后是一些值得关注的使用案例。最后，探讨了在设计推荐系统之前可以考虑的一些好的方法。拥有了这些知识，相信你已经具备未来构建推荐引擎要求的能力，这些推荐引擎具有自我学习、可扩展和实时性，并且是前卫的。如本章所述，深度学习将在构建未来推荐系统中起着非常重要的作用。

推荐阅读

自己动手做智能产品：嵌入式JavaScript实现

作者：Gordon F.Williams ISBN：978-7-111-63699-1 定价：99.00元

在这个一体化产品的时代，本书从基础的内容开始，展示了如何利用Espruino微控制器和日常用品制造出属于自己的扫描仪、绘图仪和照相机等智能产品。

本书教你利用目前互联网上颇受欢迎的编程语言之一——JavaScript在Espruino上编程，制造出激动人心的智能产品。在丰富的线上支持和资源的帮助下，Esrpuino将JavaScript带入了智能设备的世界！

在完成书中项目的过程中，你会提升自己的技能和知识水平，拥有将生活中的创意变成现实智能产品的能力。